猪流行性腹泻研究与防控

尹宝英　郑红青　吴旭锦　著

中国原子能出版社

图书在版编目（CIP）数据

猪流行性腹泻研究与防控 / 尹宝英，郑红青，吴旭锦著. -- 北京 ：中国原子能出版社，2024. 9. -- ISBN 978-7-5221-3613-4

Ⅰ. S858.28

中国国家版本馆 CIP 数据核字第 2024RS5887 号

猪流行性腹泻研究与防控

出版发行	中国原子能出版社（北京市海淀区阜成路 43 号　100048）
责任编辑	王　蕾
责任印制	赵　明
印　　刷	河北宝昌佳彩印刷有限公司
经　　销	全国新华书店
开　　本	787 mm×1092 mm　1/16
印　　张	16.875
字　　数	216 千字
版　　次	2024 年 9 月第 1 版　2024 年 9 月第 1 次印刷
书　　号	ISBN 978-7-5221-3613-4　　**定　价　96.00 元**

前 言

猪流行性腹泻（PED）这一高度接触性肠道传染病，对全球养猪业造成了巨大影响，甚至还有可能危害公共卫生安全。随着全球经济一体化的深入发展和养猪业向规模化、集约化的快速转型，猪流行性腹泻的流行态势非但没有减缓，反而呈现出更加复杂多变的趋势。一旦疫情暴发，其传播速度快、影响范围广，将对养猪业造成严重打击。同时，养猪业的高密度饲养模式也加剧了疫情的传播风险，使得防控工作更加艰巨。

如何在病原体不断变异的情况下，保持防控措施的有效性和针对性，成为摆在我们面前的一道难题。面对这一严峻形势，各国政府、科研机构及养猪业从业者纷纷行动起来，加强合作与交流。从病原学、流行病学、诊断学、免疫学等多个角度入手，深入研究 PED 的发病机理、传播规律及防控策略，力求为养猪业的健康发展提供有力保障。

本书正是在这一背景下应运而生，借鉴国内外猪流行性腹泻最新的研究成果和防控经验，从多个维度对猪流行性腹泻进行了全面且深入的剖析。全书共六章，第一章，回顾了猪流行性腹泻的流行历史与现状，分析了其在国内的发病特点，并深入探讨了该病对养猪业及公共卫生安全的危害。第二章至第四章，分别从病原学、流行病学和诊断学三个角度，对猪流行性腹泻进行了深入剖析。病原学部分详细介绍了猪流行性腹泻病毒的生物学特性、基因组结构与功能、培养特性，以及致病机制；流行病学部分则阐述了该病的传播方式、易感动物及分子流行病学特征；诊断学部分则详细介绍了该病的流行病学特征、临床症状、病理变化及实验室诊断方法。第五章聚焦于猪流行性腹泻的免疫学与疫苗研究，探讨了该病毒的免疫学特性、流行毒株之间的抗原性差异，以及抗感染机制，并介绍了当前主要的疫苗类型及其研究进展。第六章结合国内外防控经验，提出了猪流行性腹泻的综合防控策略，包括加强饲养管理、控制环境因素、建立生物安全体系，以及疫情时的应急措施等。本书旨在全面系统地阐述猪流行性腹泻的流行情况、病原学特性、流行病学特征、诊断方法、免疫学机制，以及综合防控策略，以期为养猪业从业者、科研人员及公共卫生管理人员提供一本具有实用价值和参考意义的工具书。

本书总结了国内外猪流行性腹泻研究的最新成果和防控经验，具有较高的学术价值和实用价值。通过本书的出版，能够为养猪业的健康发展、公共卫生安全的维护，以及动物疫病的防控作出积极贡献。

本书由咸阳职业技术学院尹宝英、郑红青、吴旭锦撰写。具体编写分工如下：尹宝英负责编写第三章和第五章的内容；郑红青负责编写第二章、第四章和第六章的内容；吴旭锦负责编写第一章内容。最后由咸阳职业技术学院朱小甫、张文娟和熊忙利负责了全书的统稿和审稿工作。

在本书的撰写过程中，笔者不仅参阅、引用了很多国内外相关文献资料，而且得到了同事亲朋的鼎力相助，在此一并表示衷心的感谢。由于笔者水平有限，书中疏漏之处在所难免，恳请同行专家及广大读者批评指正。

目　录

第一章 猪流行性腹泻概述

猪流行性腹泻（Porcine Epidemic Diarrhea，PED）是一种由猪流行性腹泻病毒（Porcine Epidemic Diarrhea Virus，PEDV）引发的高度接触性肠道传染病（其拉丁文学名和英文名相同）。临床上以呕吐、腹泻和脱水为主要特征。各种年龄的猪均能感染PED，哺乳仔猪受害最为严重。自首次暴发以来，PED在全世界养猪业构成了严重威胁，造成巨大的经济损失。尤其是高致病力毒株、变异毒株不断出现，使得PED成为目前危害我国养猪业最重要的疫病之一。

第一节　猪流行性腹泻的流行与现状

一、猪流行性腹泻的流行情况

猪流行性腹泻（PED）最早在1971年在英国被报道，起初被命名为流行性病毒腹泻（EVD）。随后，在1978年，比利时科学家成功地从病猪样本中分离出来，命名为 CV777 病毒，它能引发猪出现腹泻症状。引起这种腹泻的病毒，这是对该病毒研究的重大突破。到了 1982 年，人们将这类由病毒引起的腹泻性疾病统一称为“猪流行性腹泻”（PED）。PED 在 20 世纪 80 至 90 年代席卷欧洲，90 年代后进入亚洲。到 2000 年，欧洲基本控制了 PED，但在亚洲的中国、日本、韩国等国家都有 PED 流行，危害仍然很严重。2010 年 10 月，东南亚多国出现新生仔猪病毒性腹泻。2010 年末，PED 在我国华南地区某猪场暴发，检测为一种新型高致病性 PEDV，这次疫情很快扩散到全国。继而亚洲的日本、泰国、韩国、菲律宾等国和美洲的美国、加拿大、墨西哥等地区也相继暴发此类疫情，大量哺乳仔猪因此死亡。自 2013 年 PEDV 传入美国后，造成占美国养猪总量 10%的 700 万头仔猪死亡；然而在欧洲（乌克兰除外）、非洲以及澳大利亚没有发现高致病性 PEDV 流行。近年来，该病已呈世界性分布，给养猪业造成了巨大的经济损失。目前，PEDV 变异毒株已经在美洲、中国、韩国、日本和菲律宾引起了大规模暴发，对全球养猪业的影响日益严重。

在我国，自 1973 年起开始有类似病症的报道。直到 1984 年，我国研究人员利用荧光抗体技术和血清中和实验，才确认我国也存在 PED 病毒，期间 PED 导致的死亡率在猪病死亡中占 1.75%。2010 年前，PED 在我国一直呈散发或地方性流行。据不完全统计，1987—1989 年 PED 导致全国 26 个地区猪的死亡率占 36 种猪病总死亡率的 1.74%。仅 2004 年在广西壮族自治区 6 个城市开展的调查显示 PED 的发病率为 42.00%，病死率为 5.69%；中小猪发病率为 46.70%，病死率为 6.16%；母猪发病率为 18.96%，没有出现死亡。此时 PED 的发病率和死亡率都相对较高，特别是在仔猪中，感染 PEDV 后死亡的概率远高于成年猪。有研究显示，PED 占据了所有猪腹泻病例的近一

半。在湖北、湖南、广西等多地收集的腹泻样本中，PEDV 的感染率明显高于其他病毒。2010 年以前尽管 PED 呈散发状态，但 PEDV 一度是引起我国仔猪腹泻的主要病原之一。

到了 2010 年，我国南部地区的猪场再次经历了 PED 的暴发，造成超过一百万头仔猪死亡，随后立即蔓延到全国各地，对仔猪造成了重大影响，给养猪业带来了重大损失。在随后的几年中，多个省份的 PEDV 感染率持续处于高位，充分显示出该病毒的广泛传播和高感染率的流行特点。随后 PEDV 在我国猪场中持续活跃，不仅阳性率高，而且毒株不断变异。对 1988—2018 年的 PEDV 流行病学研究进行统计分析后发现，我国猪群中 PEDV 的总体感染率高达 44%。北方猪群的感染率稍低，但仍旧达到 37%。研究还指出，PED 的流行与季节、猪种及临床症状紧密相关。在山东、西南、河南等地的腹泻样本检测中，PEDV 均呈现出较高的阳性率，并且存在多个亚群，显示出其遗传的多样性。咸阳市动物疫病分子生物学诊断技术研究重点实验室收集了 2014—2021 年猪腹泻样品共 530 份，PEDV 病原 RT-PCR 检测出阳性样品 343 份，阳性率为 64.7%。以上研究证实，在我国不同地区 PEDV 感染均是近年引起哺乳仔猪腹泻最主要的病原。这些研究结果表明，当前 PEDV 仍是威胁我国养猪业的重要病原体。

二、国内猪流行性腹泻的发病特点

现阶段，我国猪流行性腹泻呈季节性和地方流行散发为主。春季和冬季是其高发期。此疾病的传播方式以直接接触为主，其中，已感染的猪只和被病毒污染的环境器具成为主要的传播媒介。该病可发生于任何年龄段的猪，临床上以急性肠炎、呕吐、水样腹泻、脱水为基本特征，年幼的猪只症状更为明显，尤其是哺乳期仔猪的高死亡率也是临床诊断的主要依据。

（一）高度传染性

猪流行性腹泻病为猪只的高度接触性肠道传染病，以其强烈的传染性而臭名昭著。病毒通过多种途径迅速传播，如直接接触感染猪只、空气飞沫、粪便，以及被污染的饲料和水源等。一旦猪场中出现疫情，病毒便能以惊人的速度在猪群中蔓延，往往在短时间内造成大范围的感染。

（二）仔猪高发病率与死亡率

PED 可发生于任何年龄段的猪只，年龄越小的幼猪，尤其是刚出生不久的仔猪发病率最高。主要是由于其免疫系统尚未完全发育，对病毒的抵抗力相对较弱，因此更容易受到 PEDV 的侵袭。这种易感性不仅增加了幼猪感染病毒的风险，还可能导致更严重的病情和更高的死亡率。一旦感染，幼猪会出现急性腹泻、呕吐、脱水等症状，严重影响其生长发育，甚至危及其生命。高死亡率主要体现在幼猪群体中。由于幼猪的免疫系统尚未完全发育，抵抗力较弱，一旦感染 PEDV，病情往往迅速恶化。病毒会破坏肠道细胞，导致严重的腹泻和脱水，进而影响幼猪的营养吸收和生理功能。在严重的情况下，幼猪可能会因脱水和电解质失衡而死亡。因此，幼猪的死亡率在猪流行性腹泻病中尤为突出。

（三）混合感染严重

各个猪场的猪群疾病情况比较复杂，很多时候由于蓝耳病、圆环病毒等引起的免疫抑制性疾病存在，影响了商品化疫苗的免疫效果。猪场除了存在PEDV以外，还存在其他的一些常见的肠道传染病病原，比如猪轮状病毒、猪传染性胃肠炎、猪德尔塔冠状病毒、博卡病毒等多时候与PEDV混合感染，杀伤力强，且PEDV占据核心位置；笔者研究曾对陕西部分规模化猪场送检的162例患有腹泻的仔猪病料进行病原检测，检测数据显示2018年PEDV阳性检出率为16.04%，远高于TGEV、PRV的阳性检出率10.49%和9.87%。而猪轮状病毒流行的毒株主要以G9亚型为主，国内尚无G9亚型轮状病毒疫苗，其他亚型疫苗对G9的交叉保护能力不理想；猪德尔塔冠状病毒临床检出率逐年增加，目前尚无针对该病毒的疫苗，这都给腹泻的防控增加了难度。2021年2月，陕西省渭南市某猪场出现仔猪腹泻症状，猪场采用抗生素治疗以及补水止泻等对症疗法，但收效甚微，仔猪死亡较多，损失较大，经咸阳市动物疫病分子生物学诊断技术研究重点实验室检测，最终确诊仔猪腹泻为PEDV和博卡病毒混合感染引起（表1-1）。

表1-1　2018年陕西部分猪场PEDV、TGEV和PRV阳性检出率

感染类型	阳性份数	阳性检出率/%
PEDV	26	16.04（26/162）
TGEV	17	10.49（17/162）
PRV	16	9.87（16/162）
PEDV＋TGEV	3	1.85（3/162）
PEDV＋PRV	7	4.32（7/162）
TGEV＋PRV	4	2.46（4/162）
PEDV＋TGEV＋PRV	1	0.62（1/162）
合计	162	45.68（74/162）

（四）难以控制

目前对于猪流行性腹泻病还没有找到特效的治疗药物，临床治疗以对症治疗为主。PED 的防控主要依赖于疫苗接种和严格的生物安全措施。然而，由于病毒的高度传染性，现有疫苗效果有时并不尽如人意。更为棘手的是，病毒的变异可能会导致疫苗失效，从而使得防控工作变得更加困难。因此，养猪户需要时刻保持警惕，加强猪场的管理和卫生工作，以降低疫情发生的风险。

第二节　猪流行性腹泻的危害

猪流行性腹泻这种猪只高度接触性肠道传染病，危害大，流行范围广，严重影响猪场的生产成绩和日常管理。该病可造成各种年龄阶段的猪只感染发病，尤其会造成哺乳仔猪高死亡率，使其成为种猪场重点防控的疫病之一。

一、新生仔猪死亡率高

PEDV 能造成各种年龄阶段的猪只感染发病，其中日龄越小的猪伤亡越严重。在暴发流行的情况下，猪场的仔猪发病日龄较小，传播速度极快，迅速影响整个产房，7 日龄以内的仔猪死亡率可高达 80%～100%。这种高死亡率给养猪户带来了巨大的经济损失。例如，某大型养猪场在 PED 暴发期间，7 日龄以内的仔猪死亡率高达 95%，几乎导致该场这一阶段的仔猪全部损失。断奶仔猪等具备一定免疫力的猪群表现相对比较温和。部分仔猪发病日龄较大的猪场随着病原体的积累和母源抗体的消耗，场内发病日龄逐渐降低；部分猪场仅表现为低胎次母猪所产仔猪发生腹泻。仔猪死亡率一般受母源抗体水平影响，抗体水平的差异使得所产仔猪的发病率和死亡率出现差异，通常仔猪损失在 10%～30%。

二、母猪生产性能下降

感染 PEDV 的哺乳母猪一部分会表现出明显的临床症状，如食欲不振、水样腹泻、泌乳量减少甚至停止，个别母猪出现呕吐，死亡率较低。猪只需要 3～7 天才能恢复，但可能导致猪群生长缓慢，整齐度差，料肉比升高，延迟 1 周以上出栏。即使出栏，猪的正品率也会降低。有些母猪虽无腹泻症状，但有带毒和排毒现象。研究数据显示 PED 暴发后母猪分娩率平均下降了 9.6%，返情率平均上升了 9.8%，流产率平均增加了 4.8%；对初产母猪非生产天数的影响尤为显著，平均增加了 6.9 天的非生产天数。发生流行性腹泻后恢复到原来的生产成绩平均需要 10 周的时间。同时为减少生产周期的波动，需要使用烯丙孕素等药物调整母猪的发情周期，这不仅增加了工作量，也提高了养殖成本。

三、生长受阻与经济损失

由于流行性腹泻导致的提前断奶，仔猪常常出现断奶后腹泻，继发感染圆环病毒、副猪嗜血杆菌、链球菌等疾病，猪只生长缓慢，死亡率升高。即使猪只存活下来，也会受到生长发育受阻的影响。PED 会导致猪只出现呕吐、水样腹泻、脱水等症状，严重影响其食欲和营养吸收。这使得幸存下来的猪只生长速度减缓，饲养周期延长，从而增加了养殖成本。同时，由于 PED 导致的高死亡率，养猪户需要不断补充新的仔猪，这不仅增加了养殖成本，还可能导致生产计划被打乱。

四、生物安全风险问题

PEDV 主要通过被感染猪只排出的粪便或污染物经口途径自然感染。这使得猪场的环境卫生和生物安全管理面临巨大挑战。一旦病毒进入猪场，很难彻底清除，容易导致疫情的反复暴发。此外，PEDV 还可以通过运输车辆、饲养员的衣服和鞋、用具等传播，增加了疫情扩散的风险。

第二章
猪流行性腹泻病原学

PEDV 属于套式病毒目（Nidovirales）冠状病毒科（Coronaviridae）的正冠状病毒亚科（Orthocoronavirinae）的单链、正义 RNA 病毒。据 2023 年 4—9 月我国重大动物疫病统计，猪流行性腹泻（PED）报告发病数已居二类动物疫病首位，尽管有几种病原体可能导致 PED，包括其他猪冠状病毒，但 PEDV 是中国 PED 的主要病原体。当前，PEDV 已在中国广泛传播，并已发展成为阻碍养猪业正常发展的重要疾病。本章就 PEDV 的病原学、流行现状、抗原性及防控策略等方面进行回顾，以期为我国 PEDV 的防控和临床 PEDV 的防控提供思路。

第一节　冠状病毒与 PEDV

冠状病毒（Coronaviruses，CoV）是一种单链、正义 RNA 病毒，其基因组在所有 RNA 病毒中最大，范围为 26～32 kb，是病毒家族中的一员（α、β、γ 和 δ 冠状病毒），可引起人类重大疾病，如严重急性呼吸综合征（SARS）、中东呼吸综合征（MERS），以及最近暴发的 SARS-CoV-2。冠状病毒分为四个属：α 冠状病毒（α-CoV）、β 冠状病毒（β-CoV）、γ 冠状病毒（γ-CoV）和 δ 冠状病毒（δ-CoV）分别有它们各自的组织嗜性。它们在人类和动物中引起各种呼吸道、肠道和神经系统疾病。其中，α-CoV 和 β-CoV 感染哺乳动物，而 γ-CoV 和 δ-CoV 主要感染鸟类。冠状病毒的生命周期包括病毒附着和进入、非结构蛋白表达、基因组 RNA 复制、转录、结构蛋白表达以及病毒颗粒组装和释放。

一、猪肠道冠状病毒（SEC）

猪流行性腹泻病毒（PEDV）是一种肠道冠状病毒，已知猪冠状病毒（Porcine CoVs）是对新生仔猪的高死亡率给全球养猪业造成了巨大的经济损失的主要病毒。目前已知的猪的 6 种冠状病毒都属于冠状病毒亚科的 α、β、δ 冠状病毒属。四种猪肠道冠状病毒（SEC），也称为猪肠道冠状病毒（PEAV）和猪肠道冠状病毒（SeACoV），包括传染性胃肠炎病毒（TGEV）、猪流行性腹泻病毒（PEDV）、猪德尔塔冠状病毒（PDCoV）和猪急性腹泻综合征冠状病毒（SADS-CoV）。值得注意的是，其存在人畜共患病传播的可能性，因为猪冠状病毒继续适应和进化。它们的宿主也在改变。甚至有研究在一名急性发热的儿童体内检测出了 PDCoV，并且蛋白质的可塑性及其与宿主细胞受体的相互作用，可能受到 S1 亚基受体结合结构域的修饰的影响。因此，猪冠状病毒的人畜共患传播可能对人类健康构成威胁。

猪肠道冠状病毒（SEC）的主要宿主是家猪，但在野生动物中也检测到了 TGEV、PEDV 和 PDCoV，例如来自野猪的 PEDV 和 TGEV 以及来自中

国雪貂和亚洲豹猫的 PDCoV。SEC 感染导致新生仔猪的高死亡率，如果新生仔猪是由 SEC 感染的母猪所生，这些母源抗体不会通过初乳提供特异保护性。疫苗免疫则会促进催乳免疫，这是预防和控制仔猪 SEC 死亡的最有效途径。在中国，SEC 的多个基因型在猪场中共同循环，并通过突变和重组不断进化，产生新的变体。因此，迫切需要开发安全有效的 SEC 疫苗。

从猪肠道冠状病毒（SEC）病原方面来看，SEC 的基因组长度为 25～29 kb，具有 5′端的帽子和 3′端的多聚腺苷酸的尾，它们都是非翻译区（UTR），也就是 5′UTR3′UTR。五个开放阅读框（ORF）编码两种多蛋白（pp1a 和 pp1ab），它们将被蛋白酶加工以产生多达 16 种用于病毒复制和转录的非结构蛋白，以及四种结构蛋白：刺突（S）、包膜（E）、膜（M）和核壳（N）蛋白。此外，辅助基因存在于结构蛋白基因之间，并且辅助基因的数量在这些 SEC 中各冠状病毒有所不同：TGEV 有三个辅助基因（非结构的 NS3a，NS3b 和 NS7）；PEDV 有一个（ORF3）；PDCoV 有 3 个（NS6，NS7 和 NS7a）；SADS-CoV 有 3 个（NS3、NS7a 和 NS7b）。

SEC 主要感染猪的小肠绒毛肠上皮细胞，引起难以区分的临床症状，包括腹泻、呕吐、食欲不振、脱水等。它们对新生仔猪是致命的威胁，而疾病的严重程度在老年猪和成年猪中显著降低。一般认为 TGEV 和 PEDV 比 PDCoV 和 SADS-CoV 毒力更强。而 TGEV 和 PEDV 会导致 2 周龄以下哺乳仔猪出现严重的临床症状，死亡率高达 100%。断奶至育肥猪和妊娠母猪的临床症状要轻得多，死亡率低。

（一）猪急性腹泻综合征冠状病毒（SADS-CoV）

SADS-CoV 首次发现于 2016 年至 2017 年广东省哺乳仔猪严重腹泻的病

原体。2018 年，从福建省的猪粪便和小肠样本中鉴定出 SADS-CoV 毒株 CH/FJWT/2018。随后，猪腹泻相关病毒监测研究显示，SADS-CoV 早在 2017 年就在福建省出现。2019 年 2 月，SADS-CoV 在广东省养猪场重新出现，导致约 2 000 头生猪死亡。从猪肠道样本中检测到菌株 CN/GDLX/2019，其 S 基因与先前报道的广东省 SADS-CoV 毒株相比具有更高的碱基一致性（99.2%至 99.9%），而福建的 FJWT/2018 毒株相似性却只有 97.5%，地理位置接近的省份，毒株的起源却可能不同。2021 年 5 月，SADS-CoV 在广西壮族自治区的猪群中出现，导致 3 000 多头仔猪死亡。从混合样本中检测到一种新毒株 SADS-CoV/Guangxi/2021。系统发育分析显示，SADS-CoV/Guangxi/2021 与来自广东省的毒株属于同一组，表明广东原始毒株的持续传播和进化。迄今为止，中国三个省份（广东、福建和广西）已报告了 SADS-CoV。

（二）猪德尔塔冠状病毒（PDCoV）

PDCoV（HKU15 株）最初于 2009 年在香港的一项分子监测研究中在临床正常猪中检出。PDCoV 的致病性在 2014 年首次被认识到，当时发现它是猪腹泻暴发的原因，最初在俄亥俄州的几个农场，然后在整个美国和全球范围内。尽管 PDCoV 的流行率和临床严重程度低于 PEDV，但 PDCoV 实验性感染了其他物种，包括鸡、火鸡、牛和小鼠。此外，PDCoV 感染了海地儿童，成为一个动物性致病的病原。尽管 PDCoV 可能也是源于蝙蝠的冠状病毒，但它的致病性至今仍有争议。

（三）传染性胃肠炎（TGEV）

另一个跟 PEDV 非常相似的猪肠道冠状病毒——传染性胃肠炎（TGEV），

于 1946 年在美国首次报道，这种以传染性胃肠炎（TGE）为特征的疾病于 20 世纪 60 年代末在中国才有报道。最近的一项监测研究报告称，2012 年至 2018 年从中国五个省采集的 2987 份猪腹泻样本中，通过逆转录 PCR（RT-PCR）检测，有 21 份（0.7%）TGEV 呈阳性，这说明它的感染率很低，TGEV 流行率低的一个可能原因是猪呼吸道冠状病毒（PRCV）的出现和广泛传播，PRCV 是 TGEV 的一种 S 蛋白缺失突变体，低致病性较低，并且是一种 TGEV 天然疫苗。尽管腹泻猪 TGEV 阳性率很低，但 2012—2016 年中国黑龙江、安徽、江苏等省仍存在零星 TGE 疫情暴发。1973 年以来，我国不断有地方性 TGE 样腹泻病的报道，但未检出 TGEV。直到 1984 年，PEDV 首次通过荧光标记抗体和病毒中和试验被确定为此类疫情的病原体。2010 年之前，PEDV 感染在中国造成零星、地方性疫情。

（四）猪流行性腹泻病毒（PEDV）

PEDV 病毒自 2010 年发现以来，我国南方出现高毒力 PEDV 毒株，引起严重的经济损失，随后在全国迅速蔓延。目前，基因型Ⅱ组（G2）的高毒力 PEDV 毒株占主导地位，而基因型Ⅰ组（G1）的经典 PEDV 毒株很少见。G1 和 G2PEDV 毒株之间的遗传差异，尤其是 S 蛋白（即宿主受体结合蛋白和诱导中和抗体的最重要的病毒蛋白）的差异，导致接种 G1PEDV 疫苗的猪的保护作用较差。中国最大的生猪养殖企业之一的新希望六和股份有限公司（中国德州）最近发起的一项 PEDV 监测研究报告显示，52.15%（158/303）的猪场 PEDV 呈阳性，且 2017 年至 2021 年中国 16 个省份采集的样本总体检出率为 63.95%（564/882）。系统发育分析表明 G2c 亚群占优势，新定义的 G2d 菌株在中国四川、河北和河南省发现。目前，PED 由于其哺乳仔猪死亡率较高，仍然是我国养猪业最具破坏性的肠道疾病。

二、PEDV 流行史

（一）PED 流行史

欧洲 PEDV 的流行病学一直且仍然令人困惑。70 年代末和 80 年代初，PEDV 暴发发生在种猪场和育肥猪场。首次感染的育肥场出现了新生猪死亡的急性疫情。PEDV 经常成为流行病。在产仔猪场中，连续几群猪在断奶后以及失去免疫母猪的产乳保护后被感染，因此病毒可以持续存在。病毒在最初暴发后是否持续存在有些难以预测，因为它也可能从农场消失。农场规模（母猪数量）及其结构（单位数量）发挥了作用。此外，在使用来自众多不同种猪的连续引进饲养猪系统的育肥场中，PED 持续存在也经常发生。荷兰甚至报道过一个病例，PED 在荷兰的一个育肥场持续 10 个月，这是 20 世纪 80 年代欧洲经常观察到的一个特征。美国最近的经验（2013—2015 年）表明，在感染流行阶段采取的管理措施可以将 PED 变为地方性动物病。

1986 年比利时的对猪场的留样进行过回顾性的血清学检测，超过 80% 的育成猪都是 PEDV 阳性。但是从屠宰场收集的比利时母猪血清进行检测发现，1980 年 PEDV 抗体阳性率为 32%，1984 年阳性率为 19%。德国、法国、西班牙的母猪阳性率相似。而在斯堪的纳维亚半岛、北爱尔兰、美国和澳大利亚没有发现抗体。其后，尽管仍然检测到病毒，但养殖场的疫情暴发较少，但 PED 的总体经济影响已降低。1992 年，比利时使用全进全出生产系统，对来自 15 个商业育肥猪群的 17 组饲养猪进行了 PEDV 和 TGEV 血清学检测。

然后没有检测到 PEDV，有 80%检测到了 TGEV。1996 年匈牙利发表的一项研究显示，在 92 份腹泻断奶仔猪的粪便样本中，PEDV 的阳性率为 5.5%。到 20 世纪 90 年代，西班牙暴发了一场急性 PED 疫情，涉及 5 000 头猪的育肥单位，其中一个猪舍中 7～9 周龄的猪出现腹泻，影响猪重 20～90 kg，随后蔓延到其他猪舍。据描述，1998 年在英国，在一个大型育肥猪群中暴发了一次单独的疫情，在该猪群中，断奶仔猪被带入了两个多月的时间，并且在种猪群供应中发现了阳性母猪。

2013 年春季，美国养猪业遭遇了前所未有的危机，高毒力 PEDV 毒株首次在美国猪场被确认，其传播速度惊人，仅用了不到两年的时间，至 2015 年 3 月 12 日，已席卷美国 36 个州。根据美国农业部（USDA）的报告，流行期间部分养殖场的仔猪死亡率达到了 90%以上。该病毒的传播与生猪贸易、饲料和设备的交叉污染密切相关。虽然通过疫苗接种和生物安全措施有所控制，但 PEDV 仍然在某些区域持续存在。加拿大在 2014 年首次报告 PEDV 感染病例，随后迅速扩大。加拿大研发了多种疫苗，以帮助控制病毒传播。尽管如此，由于逐步加强的生物安全措施和适宜的管理策略，近年来病例有所下降，但仍需保持警惕。

1982 年，在从中国台湾收到的血清中检测到了 PEDV 抗体，这是亚洲 PEDV 感染的第一个证据。自 2010 年以来，中国暴发了大规模的 PEDV 疫情，尤其是在东北和华北地区。极端情况下，部分饲养场的仔猪死亡率达到 90%。主要毒株：主要为经典毒株和新型重组毒株。近年来，新型毒株表现出更高的致病性和传播能力，与其他冠状病毒重组的现象明显。在韩国 2013 年确认 PEDV 传播，截至 2020 年，疫情有所波动，养殖场的防控措施不断加强。主要流行的毒株与我国涌现的毒株相似。PEDV 疫情在日本相对控制较好，但在高密度养殖区偶尔出现局部疫情。流行的毒株显示出一定的变异性，且对疫苗的反应由于毒株差异而有所不同。

从当前报道中发现以上冠状病毒的阳性率远低于PEDV，所以PEDV是值得进一步探究的病原体。2013年，无疑成为了PEDV毒株毒力的一个转折点，高毒力PEDV毒株在多个国家的猪群中肆虐，除了中国外，还波及了其他地区。下面就PEDV毒株的流行特点进行进一步介绍。

（二）PEDV发展历程

1972年，英国的一位兽医描述了英国一些养猪场出现的一种新疾病，其特点是饲养猪、育肥猪和母猪出现急性水样腹泻，而乳猪则不受影响。这种综合征被称为“TGE2”，这个名称指TGE的临床相似性，TGE是当时欧洲猪病毒性腹泻的常见原因。然而，TGE的一个重要特点是，新生仔猪不受影响。由于这些命名从科学角度来看都不能令人满意，因此PEDV感染的疾病很快改为“流行性腹泻-ED”。

ED第一次于1971年春天在一个农场暴发，第二次暴发是在6个月后，地点距离农场2英里的一个农场，乳猪没有受到太大影响，但10周及以上的猪只以及成年猪只表现出持续一周的急性腹泻。农场的疫情持续了3～4周。1971年秋天和接下来的冬天，报告了几次新的疫情暴发。因此，临床诊断和与TGE区分的可能性是基于育肥猪和成年动物的高发病率，而新生猪和刚断奶的猪没有发病。在大多数腹泻病例中，实验室检查排除了TGEV。事实上，在最近有TGE暴发史的农场以及TGEV免疫动物中观察到ED，这一事实增加了人们对TGEV不是最终病原的怀疑。1972年期间，ED在养猪场之间迅速传播，尤其是育肥猪群。死亡率很少，估计暴发的影响约为两周的饲料成本。

70 年代初在比利时观察到类似的疾病模式，并迅速传播到西欧邻国。在这里，乳猪也没有受到影响，即使它们的母亲连续几天出现水样腹泻，它们也没有腹泻。一些新生猪可能因饥饿而死亡，因为患病的母猪常常患有无乳症。

在比利时观察到的另一个迹象，一些育肥猪被发现死亡，特别是在育肥期即将结束时，这种情况在一些农场反复发生，但在其他农场则没有。死亡率可能高达 3%。这并不是由于腹泻引起的脱水，而是动物突然死于急性背部肌肉坏死。虽然检测到的病原为 PEDV，但其发病机制却未知。当时，成年动物在 ED 暴发期间经常观察到的严重腹部疼痛，这也可能跟 PEDV 损伤肠黏膜有关。

总体而言，由于没有出现因 ED 病原导致仔猪死亡的情况，因此对这种新的腹泻综合征没有给予太多关注，也没有深入研究其病因。然而，由于粪便材料的细菌学检查没有揭示特定的细菌原因，因此假设其涉及病毒因子。没有一种已知的猪病毒与之相关，因此怀疑是一种新病毒。

1976 年，情况发生了很大变化，来自英国诺里奇兽医调查中心的描述了一种新的腹泻综合征。它与 ED 的不同之处在于它现在影响所有年龄段的猪，包括新生猪和乳猪。死亡率各不相同，仅限于仔猪，平均死亡率约为 30%。这种新疾病现在比 ED 更类似于 TGE，但使用肠道直接免疫荧光并应用可用于检测抗 TGEV 抗体却排除了 TGEV。现在，在临床上用 TGE 进行区分很困难，常常是不可能区分，因为症状非常相似。这种新的综合征被称为 ED2，以区别于 1971 年的 ED1，后者不感染小猪。ED2 造成的经济损失比 ED1 大得多。

ED2 也迅速传播到欧洲大陆，并于 1977 年在比利时得到认可。荷兰、德国、法国、保加利亚、匈牙利和瑞士等其他国家的报告也紧随其后。在比利时，养殖场的新生仔猪死亡率差异很大。它们可能高达 80%，平均值为 50%。新生猪死亡率的变化与窝数有关，与农场有关，与农场规模有关、疫情开始时存在的新生猪窝数量、出现疾病症状后一周内因产仔而怀孕的母猪数量以及可能的其他因素。病毒分离株毒力的差异没有提及。ED2 的新突变以及仔猪感染造成更大的经济损失，这为收集病原学研究材料以及病毒学和血清学技术的发展提供了更好的条件。1978 年，比利时科学家报道了病毒样颗粒的检测，描述了从腹泻猪身上分离出一种新型冠状病毒样因子，两个研究小组都成功地在猪中再现了实验猪的腹泻。分离出这种新型冠状病毒后不久，在缺乏初乳的猪中对一种比利时分离株进行了广泛的发病机制研究，命名为冠状病毒 CV777（1977 年 7 月分离），该病毒成为欧洲 PEDV 的原型毒株。ED2 很快被命名为由 PED 病毒（PEDV）引起的“猪流行性腹泻”（PED），这一名称至今仍然存在。

从新仔猪 PEDV 的早期研究很快就发现其发病机制与 TGEV 非常相似。从 TGEV 研究中收集的经验对研究这种新肠道疾病的方法有很大帮助。在细胞培养物中培养病毒缺乏成功，通过口服接种剥夺初乳的猪来产生纯病毒库，方法为在感染 12 h 时冲洗小肠腔，保持猪感染 18 h 后，即可收集小肠组织作为病毒库，这时的血液可产生超免血清，用于制备免疫荧光（IF）的多抗，以检测组织中的病毒。后来还可以通过 ELISA 检测抗体，并通过免疫电子显微镜研究与其他冠状病毒的可能关系。当时还没有 PED 分离株的基因组分析。然而，通过免疫电镜和 IF，PEDV 与当时已知的猪冠状病毒 TGEV 和血凝性脑脊髓炎病毒均无关。后来通过其他更敏感的测试证明了与 α 冠状

病毒属成员无关。因此，在那时 PEDV 对于 PEDV 的起源一无所知。

ELISA 测试很快被用于常规血清学检测，但无法获得含有早期暴发的 ED1 病原体的传染性材料是 ED1 病原和 ED2/PEDV 是否相关的一个关键问题。对 1969 年开始在比利时屠宰场收集的母猪血清进行了回顾性血清学调查而 1969 年收集的血清中未发现 PEDV 抗体，但 1971 年收集的样本中有 7%、1975 年收集的样本为 42%、1980 年收集的母猪为 32%。这些结果表明，冠状病毒 PED 造成第一次 ED1 暴发和 ED2 暴发，因此可以认为，PEDV 于 1971 年出现，但后来将其宿主范围从育成猪和成年猪扩大到新生猪。可见病毒和宿主共进化的理论，不仅可以把强度进化成弱毒，弱毒也可以进化成强毒。因此，PEDV 最初可能是 1971 年饲养猪、育肥猪和成年猪腹泻的原因，但突然对新生猪产生了趋向性，现在成为一种相当具有破坏性的疾病。但即使在 ED2/PEDV 出现之后，育肥场的一些疫情仍然没有涉及新生猪。虽然假设 ED1 和 PEDV 在猪群中共同传播，但也有可能一些猪场较早经历过 ED1 感染，并且免疫母猪通过产乳免疫保护其后代免受 PEDV 侵害，而育肥猪群已成为易受影响的。ED1 和 PEDV 之间的交叉保护从未被研究过。此外，在新型 PEDV 的第一个流行阶段之后，该病毒经常在育肥猪场的断奶猪和饲喂猪中持续存在（地方性 PED）。母猪群体具有免疫力，保护其后代，而饲养猪在失去母性保护后变得易感。当时，高度可变的临床情况归因于原始 ED1 病原及其假定的变异 PEDV 在猪群中可能共同存在。由于当时技术所限，无法检测基因组序列，ED1 感染材料现在也不再可能用来回顾性检测。

ED2/PEDV 可能是 ED1 的变体。由于 RNA 复制的无纠错机制，PEDV 变异频繁出现，这并不难理解，众所周知，动物冠状病毒很容易发生基因改变。在最近亚洲和美国暴发期间，通过对分离株进行基因组分析，PEDV 中的重组、插入和缺失已反复出现。即使是现在，在欧洲 2016 年的病例中，也观察到不同类型的临床表现。

关于 1971 年 PEDV（以及其推测的祖先 ED1 病原体）起源的问题尚未得到解答。即使在使用包括 S 基因在内的不同基因的详细基因组相似性分析与已知冠状病毒进行比较研究之后，也没有迹象表明可能是由另一种已知的“亲本”冠状病毒进化而来。迄今为止，仅检测到涉及 N 蛋白的离散抗原关系，但与 α 冠状病毒属的其他一些动物成员如猫传染性腹膜炎病毒（FIPV）、TGEV、猪呼吸道冠状病毒（PRCV）、犬冠状病毒没有任何交叉保护（CCoV）和水貂冠状病毒（MCV）。通过使用针对人类 α 冠状病毒 NL63 和 229E 的 N 蛋白的单克隆抗体，未检测到与 PEDV 的交叉反应性。MCV 是唯一一种 M 蛋白与 PEDV 发生交叉反应的 α 冠状病毒。

PEDV 核衣壳基因和典型冠状病毒基序的核苷酸序列表明，PEDV 在基因组测序区域内确实与人类 229E、TGEV、PRCV、FIPV、CCoV 和猫肠道冠状病毒（FECV）显示出最大的同源性（Bridgen 等人，1993）。有趣的是，与 PEDV 类似，其他几种 α 冠状病毒，包括人类 229E、TGEV、PRCV、CCoV、FECV 和 FIPV 利用细胞受体氨肽酶 N（APN）来让病毒进入宿主细胞，这似乎是一个共同的进化特征。尽管如此，PEDV 和其他 α 冠状病毒之间的遗传和抗原多样性非常大。此外，PEDV 和属于 β、γ 或 δ 属的冠状病毒之间没有交叉反应性的报道。上面提供的基因组数据及其使用细胞受体表明其中一些 α 冠状病毒具有共同起源。不能排除携带野生动物作为病毒来源。

发病机制研究状况。对新生猪的实验研究表明，PEDV 的靶细胞仅限于覆盖肠绒毛的上皮细胞，因此发病机制与 TGEV 高度相似。新生猪绒毛肠细胞中的 CV777 病毒感染导致接种后的 24～36 h 内整个小肠绒毛上皮细胞迅

速脱落，速度比 TGEV 感染时观察到的稍慢。PEDV 引起的绒毛萎缩迅速而广泛，引起新生猪发生快速和严重的脱水从而死亡。由于与 TGEV 发病机制相似，在 TGE 诊断、免疫、预防方面获得的大部分知识几乎都可以应用于 PED。与 TGEV 的一个明显差异就是结肠绒毛上的上皮细胞也被感染，但没有观察到脱落。育肥猪和母猪的 PED 腹泻通常伴有明显的腹部疼痛，这是 TGE 中未见的临床症状，并且出现了结肠感染是否可能导致这种临床表现的问题。在剖腹产、剥夺初乳的新生猪中接种 70 年代欧洲原型毒株 CV777 后获得的发病机制研究结果实际上与最近在亚洲和美国流行的所谓“美国原始 PEDV 毒株”中观察到的结果相同。PEDV 进化中的一个争论点是影响毒力的 PEDV 基因变异，特别是自从它在亚洲出现和在美国出现以来。欧洲 PEDV 的感染史允许假设 ED2/PEDV 是 ED1 的变体，它已获得新生猪肠道细胞的趋向性。这种新的倾向扩大并增加了病毒的毒力，因为易受日龄影响，仔猪死亡率成为该疾病的一个重要的经济方面。目前，根据对美国分离株的常规基因组分析，美国描述了两种主要的 PEDV 变种。第一种，也称为“原始美国 PEDV”，与“高毒力”毒株相似；而第二种，即所谓的 S-INDEL 毒株，代表病毒 S 基因中的插入和删除，与弱毒株相似。临床暴发。在亚洲也检测到了类似的基因型变异，S-INDEL 在 2010 年之前就已经存在，并且自 2010 年以来就具有高毒力。当采用这种基因组鉴定时，CV777 似乎被归类为 S-INDEL 分离株，与 CV777 相比，显然属于不同一个组。考虑到 20 世纪 70 年代欧洲原型毒株 CV777 的发病机制和毒力（通过复制位点、复制程度以及绒毛萎缩程度进行评估），与来自美国的最新高毒力（原始美国 PEDV）分离株不存在真正的差异。例如，猪在对新生仔猪进行实验性接种时，适应了 CV777，在接种后 6～36 h 内，引起整个小肠的绒毛萎缩，绒毛长度从正常值 700～900 μm 减少到 200～300 μm。那么如何确定毒株的毒力呢？如果仅从病毒与新生猪相互作用的角度来考虑 PEDV 分离株的毒力，则需要考虑一些参数，例如潜伏期的持续时间、肠上皮细胞脱落的速度和严重程度、绒毛萎缩的程度和程度、强毒病毒的产生量和腹泻的严重程度，则 CV777 可以被归类为高毒力。

S-INDEL 分离株并不意味着低毒力，人工感染出生 3 d 的乳猪后，每组的临床症状严重程度和死亡率从 0%到 75%各不相同。4 窝中有 2 窝观察到严重的临床症状。4 头母猪中有 2 头出现腹泻。据观察，实验中母猪和环境的背景相似，但疾病的严重程度却相当不同。看来，仔猪的出生体重、母猪的健康状况和哺乳期是影响因素。在同一实验中，一窝幼崽也接种了美国原始高毒力 PEDV 毒株。结论是，S-INDEL 分离株的毒力普遍较低，特征是潜伏期较长、腹泻持续时间较短、病毒感染区域更有限、猪死亡率总体较低。S 基因中缺失或插入的位点和程度以及序列差异可能发挥重要作用。在最近的一篇报道中，比较了 3 种 USPEDV 高毒力毒株和 S-INDEL 毒株在实验性感染和肠道疾病下的传统新生猪中的致病性差异，临床症状、粪便病毒排泄所 S-INDEL 菌株的肠道损伤、肉眼和组织病理学病变明显较低。而毒力差异的分子基础尚未阐明。自早期在欧洲出现以来，很明显，PED 疾病即使在不同窝的猪中也可能表现出很大的变异性，特别是在母猪哺乳时。这种差异及不同窝猪死亡率的差异（从 30%～80%）一直都有，但其原因从未被阐明，那么强毒和弱毒是不是也不能被定义呢？

当 PED 疾病的毒力和严重程度与病毒和养殖场群体之间的相互作用有关，就会出现更大的变异性。PED 暴发的结果将更加难以预测、评估和定义，

因为除了分离株可能存在的毒力差异以及乳猪窝间的变异之外，许多其他因素在决定临床结果方面也发挥着作用。它们包括母猪的免疫状态、猪场的病毒暴露剂量、猪群规模和养猪场管理等，所有这些都可能以不同的方式相互作用。此外，对母猪群进行反饲，以加速诱导免疫力被动转移至仔猪的程序可能是乳猪临床状况恶化的潜在原因。事实上，这种做法也可能成为后备母猪、母猪和新生仔猪的其他病原体的来源。因此，特别是在完全易感的猪群中，即使是具有相似毒力的 PEDV 毒株，在一些大规模和高度工业化养猪的区域，猪死亡率和损失也可能要高得多。这说明猪只整体健康状况显然也发挥着重要作用。可能高度工业化的养猪模式不一定对猪只免疫状况更有利。

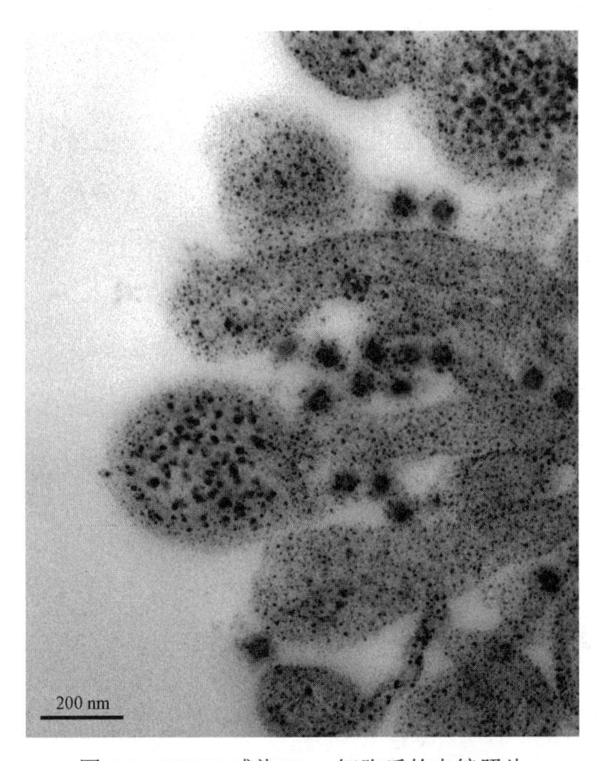

图 2-1　PEDV 感染 Vero 细胞后的电镜照片

虽然 PED 病毒分离株肯定会发生基因组变化，但建议在将它们与毒力变化联系起来时要警惕。当在猪场观察到不同的临床情况时，仅根据基因组分析而不测试实验猪的病理变化，往往有些毒力的突变会被忽略。虽然基因组分析有用，但在得出关于毒力的可靠结论之前，需要以标准化方式进行所谓的新分离株的重复比较动物接种实验。

在动物实验中经常会出现不同个体毒力差异很大，实验猪必须是新生的剥夺初乳的猪。需要对潜伏期持续时间、小肠绒毛感染部位和程度等参数进行及时跟踪，并且在将 PEDV 分离株称为对毒力有影响的变种之前必须重复这些参数。应该强调的是，应使用猪适应的病毒株，因为当 PEDV 进行细胞培养传代时，以及在猪和非猪细胞（例如 Vero 细胞）中，可能会出现主要基因组修饰，有可能导致猪的不易感。

第二节　猪流行性腹泻病毒基因组结构与功能

猪流行性腹泻病毒（PEDV）的基因组结构是一种单股正链 RNA，全长约 28 kb，具有典型的冠状病毒特征，其基因组由 5′ 端非翻译区（5′ UTR）、多个开放阅读框（ORF）和 3′ 端非翻译区（3′ UTR）组成。5′ UTR 包含前导序列和编码短肽的 ORF，而 3′ UTR 则连接着 Poly（A）尾巴。

主要的 ORF 包括编码复制酶多聚蛋白 1 ab 的 *Pol* 基因（由 ORF1a 和 ORF1b 组成，二者之间有重叠序列以实现移码阅读），以及编码病毒结构蛋白的 *S* 基因（纤突蛋白）、*ORF3* 基因（未知功能蛋白）、*SM* 基因（小膜蛋白 E）、*M* 基因（膜糖蛋白）和 *N* 基因（核衣壳蛋白）。这些基因在病毒的生命周期中扮演着关键角色，如 S 蛋白负责病毒与宿主细胞的识别和融合，*Pol*

基因则负责病毒的转录和复制。

流行性腹泻病毒的基因组功能多样且协同作用，共同完成了病毒的感染、复制和致病过程。*Pol* 基因的转录和复制功能为病毒在宿主细胞内的增殖提供了基础，而结构蛋白基因则确保了病毒粒子的正确组装和释放。同时，病毒基因组的变异和进化也是导致其抗原性变化和疫苗研发挑战的重要原因。

一、病毒基因组结构和基因组成

PEDV 属于α冠状病毒属。冠状病毒属是自然界广泛存在的一大类病毒，直径约 80～120 nm，具有囊膜。基因组为线性单股正链的 RNA 病毒。其基因组 5′端有甲基化“帽子”，3′端有 PolyA“尾巴”结构。基因组全长约 27～32 kb，是已知 RNA 病毒中基因组最大的病毒。该结构与真核生物的 mRNA 极为相似，其基因组 RNA 能够直接作为翻译模板的关键基础，从而避免了 RNA 转录为 DNA 再转录回 RNA 的复杂过程。冠状病毒的 RNA 分子间重组频率极高，正是这种频繁的重组导致了病毒的变异。重组事件导致 RNA 序列发生改变，进而影响了编码的氨基酸序列，使得由氨基酸构成的蛋白质结构和功能产生变化，进而改变了其抗原特性。抗原特性的改变导致了原有疫苗免疫保护失败。

PEDV 基因组结构独特且复杂，全长约 28 000 nt。从基因组的起始端至末端，依次排列着关键的功能区域：5′UTR（非编码区，长度为 296 nt，内含启动翻译的关键前导序列和 Kozak 序列）、紧接着是两个主要的复制酶编码区（*ORF1a* 和 *ORF1b*），随后是编码病毒表面结构的关键基因，包括 *S* 基因（纤维蛋白，参与病毒附着与入侵）、*ORF3*（编码一种非结构蛋白，功能多样）、*E* 基因（小膜蛋白，参与病毒组装）、*M* 基因（膜糖蛋白，维持病毒形态）、*N* 基因（核衣壳蛋白，保护病毒 RNA），最后是 3′UTR（非编码区，长 334 nt，包含一个在所有冠状病毒中保守但位置可能变化的 8 nt（GGAAGAGC）。这些区域和基因共同构成了 PEDV 的结构框架，其中非翻译区与保守序列作为调控元件，而多个开放阅读框则负责编码病毒复制、装配及感染所必需的蛋白质，包括四种结构蛋白和三种非结构蛋白，它们在病毒的生命周期中各自扮演着不可或缺的角色。

二、编码结构蛋白基因及其功能

（一）S 蛋白

S 蛋白是 PEDV（猪流行性腹泻病毒）的关键表面蛋白，由 1 383 aa 构成，相对分子质量约 180～220 kDa，对病毒入侵宿主细胞至关重要。其结构复杂，分为外域、跨膜域和细胞质尾，外域含抗原表位与受体结合域，细胞质尾则稳定整体结构。

PEDV S 蛋白独特之处在于成熟时不被切割，但可类比其他冠状病毒分为 S1（1～1 789 aa）和 S2（790～1 383 aa）区。尽管与 TGEV（猪传染性胃肠炎病毒）的 S 蛋白同源性低且无血清学交叉，研究揭示两者中和抗原表位位置或有相似性，这通过 TGEV 表位推导的 PEDV 抗血清抑制 PEDV 感染得到验证。

原核表达系统已成功截短表达 PEDVS 蛋白的 SID 区（696～789 aa），

其重组蛋白抗体具有中和活性。此外，PEDVS 蛋白的中和表位已构建于表达载体，推动了转基因疫苗研究及新型疫苗开发。这些发现为防控 PEDV 提供了重要策略与工具。

（二）N 蛋白

N 蛋白是 PEDV 的核心结构蛋白，由 441 aa 构成，分子量约 55～58 kDa，是磷酸化的核衣壳成分，紧密结合病毒 RNA 形成核衣壳。其结构含三个保守域，特别是 RNA 结合域，对病毒 RNA 合成至关重要。N 蛋白在病毒中比例最大，感染早期即诱导高水平抗体，因其高度保守性，成为 PEDV 诊断技术的理想靶标。

N 蛋白不仅促进病毒组装与 RNA 复制，还参与免疫应答，可诱导系统与黏膜免疫，被视为免疫增强剂。它能通过多种机制抑制 I 型干扰素产生，如干扰 TBK1、MDAS、TRAF5 等信号通路，抑制 IFN-β 启动子活性。N 蛋白分布于细胞质与核内，其核输出信号及特定氨基酸对功能至关重要。

此外，N 蛋白全序列有助于分析近缘毒株的进化关系，为 PEDV 研究与防控提供重要信息。

（三）M 蛋白

M 蛋白，作为 PEDV 的核心构件，是一种膜糖蛋白，包含 226 aa，分子量介于 27～32 kDa。它在病毒粒子构建与释放环节中扮演核心角色。在受感染细胞内，M 蛋白偏好定位于高尔基体，避免迁移至细胞膜。

M 蛋白的结构精妙，由三部分构成：一是短小的糖基化 N 端，显露于病毒囊膜之外；二是庞大的 C 端，深深嵌入病毒囊膜之中；三是居中的 α 螺旋区，连接两端。尤为重要的是，当补体存在时，针对 M 蛋白囊膜外特定抗原位点的单克隆抗体，能够显著削弱病毒的感染能力。

此外，M 蛋白还展现出免疫调节的潜力，能够触发机体生成 α 干扰素（α-IFN），这进一步巩固了其作为 PEDV 基因工程疫苗潜在抗原的地位。因此，深入研究 M 蛋白，对于开发高效、针对 PEDV 的疫苗策略，具有不可估量的价值。

（四）E 蛋白

E 蛋白是 PEDV 病毒囊膜上的一个小包膜糖蛋白，由 76 个氨基酸组成，预测分子质量为 8.8 kDa。这种蛋白质对于病毒的组装和出芽过程至关重要。为了深入研究 E 蛋白和 M 蛋白在抗病毒机制中的作用，研究者将 PEDV 的 *E* 基因和 *M* 基因成功地导入了甲病毒载体（pSFV），并在 BHK-21 细胞中进行了表达。这一突破性的进展为后续的实验探索奠定了坚实的基础。

E 蛋白在细胞内的分布主要集中在内质网中，但也有一部分被发现存在于细胞核内。近年来的研究发现，E 蛋白能够触发内质网应激反应，并激活 NF-κB 信号通路，进而上调一些与细胞应激反应相关的基因，如几-8 和 Bc1-2。这一发现揭示了 E 蛋白在病毒生命周期中除了组装和出芽之外的另一重要功能。

尽管目前关于 PEDVE 蛋白功能的研究还相对较少，但已有的研究结果表明，E 蛋白在病毒粒子的形成和释放过程中扮演着不可或缺的角色。未来，随着研究的深入，有望更全面地了解 E 蛋白的功能，为 PEDV 的预防和治疗提供新的思路和方法。

三、编码非结构蛋白基因及其功能

PEDV 的非结构蛋白在病毒的复制周期、致病机制及与宿主细胞的相互作用中发挥着重要作用。虽然目前对这些非结构蛋白的具体功能和作用机制尚不完全清楚，但随着研究的深入，有望揭示更多关于 PEDV 非结构蛋白的秘密，为 PEDV 的防控和治疗提供新的思路和方法。PEDV 的基因组属于单股正链 RNA，全长约 28 kb，编码多个结构蛋白和非结构蛋白。非结构蛋白通常不直接参与病毒粒子的构成，但在病毒的复制周期、致病机制及与宿主细胞的相互作用中扮演着关键角色。

（一）Pol 基因及其产物

在猪流行性腹泻病毒（PEDV）的基因组结构中，Pol 基因（也被称为聚合酶基因）位于基因组的 5′ 端附近，这是病毒 RNA 序列的起始端。Pol 基因是 PEDV 基因组中最大且最复杂的基因之一，它编码了一个庞大的多聚蛋白，该多聚蛋白随后被病毒或宿主细胞内的蛋白酶切割成多个具有特定功能的非结构蛋白。

Pol 基因的主要功能是编码一个被称为复制酶多聚蛋白（lab）的巨大前体蛋白。这个多聚蛋白是病毒复制机器的核心组成部分，包含了多个酶活性和结构域，这些域协同工作以支持病毒的复制过程。

复制酶多聚蛋白 lab 具有 RNA 多聚酶的活性，这是病毒能够复制其遗传物质的关键。它能够催化以病毒 RNA 为模板的 RNA 链的合成，包括负链 RNA（即互补 RNA）的合成，这是病毒复制周期的第一步。

除了合成负链 RNA 外，*Pol* 基因编码的复制酶多聚蛋白还参与调控病毒的转录过程。它能够识别并启动病毒基因组的特定区域，指导前导 RNA（leaderRNA）和亚基因组 mRNA（sgmRNA）的合成。这些 RNA 分子是病毒复制和蛋白质合成所必需的。

复制酶多聚蛋白 lab 在合成后，会被病毒或宿主细胞内的蛋白酶切割成多个较小的非结构蛋白。这些非结构蛋白各自具有独特的酶活性和功能，如解旋酶、蛋白酶、核酸内切酶等，它们在病毒的复制、转录、翻译和装配过程中发挥重要作用。

Pol 基因在病毒感染的早期阶段尤为重要。一旦病毒粒子进入宿主细胞并释放其基因组 RNA，*Pol* 基因就立即开始表达并合成复制酶多聚蛋白。这个过程为病毒复制周期的后续步骤（如负链 RNA 合成、转录、翻译和病毒粒子装配）奠定了基础。

Pol 基因是 PEDV 复制周期中的关键基因，它通过编码复制酶多聚蛋白 lab 来驱动病毒的复制和转录过程。这些功能对于病毒的生存、传播和致病性至关重要。

（二）*ORF3* 基因及其产物

PEDV 的 *ORF3*（Open Reading Frame 3，是 PEDV 基因组编码的唯一的辅助蛋白，与病毒毒力相关）是一个非结构蛋白，由 224 aa 构成，预测分子量约为 25 kDa，这一分子特性为其在病毒生命周期中的角色奠定了基础。结构解析显示，*ORF3* 蛋白结构独特，内含四个潜在的跨膜区域，并有能力形成同源四聚体，这些特征暗示了其可能参与复杂的细胞内外交互过程。

尽管当前对 *ORF3* 的确切生物学功能认识尚浅，但已有线索指向其在

PEDV 毒力调节中的重要作用，并确认它是 PEDV 唯一的辅助因子，这一地位凸显了其在病毒生物学中的独特性和潜在研究价值。

在猪流行性腹泻病毒（PEDV）的复杂基因组结构中，*ORF3* 基因在病毒生命周期中的适时表达与功能发挥了重要作用。*ORF3* 基因的序列排列紧密，与其他基因相互关联，在致弱毒株中 *ORF3* 基因有时发生截断或者删除。

ORF3 基因是 PEDV 基因组中负责编码一种重要非结构蛋白——*ORF3* 蛋白的基因。这种蛋白在病毒感染过程中发挥作用，是病毒致病机制中的关键一环。*ORF3* 蛋白的编码序列在病毒 RNA 转录后被翻译成蛋白质，进而参与到病毒与宿主细胞的相互作用中。

越来越多的研究表明，*ORF3* 蛋白是 PEDV 致病性的直接决定因素之一。不同 PEDV 毒株间 *ORF3* 基因的序列差异可能导致其编码的蛋白在功能上的差异，进而影响到病毒的毒力、感染能力和在宿主体内的传播效率。因此，对 *ORF3* 蛋白的深入研究有助于更好地理解 PEDV 的致病机制，并为疫苗开发和疾病防控提供新的策略。

ORF3 蛋白可能通过影响病毒颗粒的稳定性、与宿主细胞受体的结合能力或干扰宿主细胞的抗病毒反应等途径来调控病毒的毒力。具体机制可能涉及与宿主细胞蛋白的相互作用、信号通路的调控等。

作为非结构蛋白，*ORF3* 蛋白可能参与病毒复制复合物的形成或调控病毒 RNA 的复制速率。通过优化复制过程，*ORF3* 蛋白有助于病毒在宿主体内快速增殖，从而增强病毒的感染能力。

ORF3 蛋白在宿主细胞内的精确定位对于其功能的发挥至关重要。研究表明，*ORF3* 蛋白可能通过特定的细胞定位机制（如与细胞骨架蛋白的相互作用、膜结合等）来影响病毒的复制、组装和释放过程。此外，其在细胞内

的定位还可能影响病毒与宿主细胞免疫系统的相互作用，从而调控病毒的免疫逃逸能力。

ORF3 基因及其编码的 *ORF3* 蛋白在 PEDV 的致病性、复制效率和宿主细胞内定位等方面发挥着重要作用。虽然其具体作用机制尚未完全阐明，但未来的研究将进一步揭示这些过程的分子细节，为 PEDV 的防控和治疗提供新的思路和方法。

尤为引人注目的是，在不同病毒株系中，如疫苗株、弱毒株及体外适应毒株，*ORF3* 基因的长度发生了显著变化，缩短至仅含 91 aa。这一现象不仅揭示了病毒在适应不同环境（如体外培养）时的遗传灵活性，也提示了 *ORF3* 基因在体外条件下可能并非病毒复制和生存的必要条件。

进一步的研究深入揭示了 *ORF3* 基因的另一面——它可能具备降低病毒在体外适应能力的特性。这一发现为解释强毒株 PEDV 在实验室条件下难以培养的现象提供了新的视角，即强毒株中的 *ORF3* 基因可能通过某种机制在体外环境中对病毒的生长构成了限制，从而增加了培养的难度。这一发现不仅加深了对 PEDV 生物学特性的理解，也为未来优化病毒培养条件、提高疫苗研发效率提供了宝贵的参考。

四、其他非结构蛋白

在猪流行性腹泻病毒（PEDV）的复杂基因组编码产物中，除了核心的聚合酶基因（*Pol*）和直接关联病毒致病性的 *ORF3* 基因外，还存在一系列其他非结构蛋白，如常见的命名方式中的 1a、1b、3a 和 3b 等（请注意，这些命名并非绝对，实际名称可能因不同研究或病毒株而异）。这些非结构蛋白

的多样性和特异性反映了 PEDV 适应不同宿主环境和进化压力的能力。它们共同构成了一个复杂的调控网络，精细地调控着病毒的复制周期、基因表达模式及与宿主细胞的相互作用。

这些非结构蛋白在 PEDV 的复制和转录过程中发挥着至关重要的作用。它们可能作为复制酶复合体的一部分，直接参与病毒 RNA 的复制和负链 RNA 的合成。此外，它们还可能通过调控转录起始、延伸或终止等过程，影响亚基因组 mRNA（sgmRNA）的产生，这些 mRNA 是病毒结构蛋白和非结构蛋白合成的模板。特定非结构蛋白还可能具有 RNA 解旋酶或核酸内切酶活性，帮助解开病毒 RNA 的双链结构或切割特定序列，从而促进复制和转录的顺利进行。

某些非结构蛋白通过优化复制过程中的某些步骤，如提高复制酶的催化效率、稳定复制中间体或促进病毒颗粒的组装，来增强病毒的复制能力。这种增强的复制效率往往与更高的病毒载量和更强的致病性相关联。同时，一些非结构蛋白还可能通过调节病毒与宿主细胞的相互作用，影响宿主细胞对病毒的敏感性或反应性，从而间接影响病毒的致病性。

鉴于宿主免疫系统对病毒感染的迅速反应，PEDV 编码的非结构蛋白还进化出了多种机制来逃避宿主的免疫清除。这些机制包括但不限于干扰宿主细胞的抗病毒信号通路、抑制干扰素产生或活性、模拟宿主蛋白以逃避免疫识别等。例如，某些非结构蛋白可能通过阻断宿主细胞的 RNA 干扰（RNAi）机制或干扰 Toll 样受体（TLR）信号通路来抑制宿主的抗病毒反应。其他蛋白则可能通过直接结合并降解宿主细胞内的抗病毒蛋白或调控宿主细胞的凋亡途径来实现免疫逃避。

PEDV 编码的多种非结构蛋白在病毒的复制、转录调控、免疫逃避等方面发挥着不可或缺的作用。它们通过复杂的分子机制和精细的调控网络，共同促进病毒在宿主体内的生存、增殖和传播。因此，深入研究这些非结构蛋白的功能和机制对于理解 PEDV 的致病机理、开发有效的防控策略具有重要意义。

（一）非结构蛋白 nsp1

PEDV 的非结构蛋白 nsp1，由大约 110 aa 构成，具备在细胞核内降解特定转录辅激活因子的能力。特别地，它能够靶向并降解 CAMP 应答元件结合蛋白（CBP），这是一个关键的转录辅激活因子，通过这种方式，PEDVnsp1 有效地拮抗了 I 型干扰素（IFN）的生成。

进一步的研究揭示了 p300 蛋白在转录调控中的角色。作为调控 CBP 转录的激活因子，p300 具有组蛋白乙酰转移酶活性，它在协调多信号依赖的基因转录中发挥着核心功能。然而，值得注意的是，PEDVnsp1 并不影响 p300 的表达水平，而是特异性地针对 CBP 进行降解。

此外，PEDVnsp1 还通过另一种机制影响宿主免疫反应。它能够抑制干扰素调节因子 1（IRF1）的核移位，进而阻碍Ⅱ型 IFN 的形成。这些发现不仅加深了对 PEDV 非结构蛋白 nsp1 功能的理解，也为抗病毒药物的开发提供了新的思路。

（二）非结构蛋白 nsp2

PEDV 的 nsp2 蛋白，一个由 785 aa 构成的生物大分子，展现出了与 SARS-CoV 中 nsp2 相似的社交能力——它能够自我组装成二聚体乃至更复杂的多聚体结构，并积极地与其他病毒内部的蛋白质伙伴进行互动交流。然

而，尽管 nsp2 在病毒社群中显得颇为活跃，但它却并非病毒生存繁衍的刚性需求。换句话说，PEDV 在没有 nsp2 的情况下也能继续其生命周期，尽管其效率可能受到影响。

nsp2 的主要贡献可能在于它作为一个调节因子，通过与宿主细胞内的蛋白质或直接与其他病毒蛋白的相互作用，可能在一定程度上加速了 RNA 合成的进程。然而，这一复杂而精细的调控机制，其背后的分子细节和确切路径，目前仍未揭示，亟待科学界的进一步探索和揭秘。因此，nsp2 可以被视为 PEDV 生命周期中一个既非必需却又可能发挥重要辅助作用的角色。

（三）非结构蛋白 nsp3

PEDV 编码的 nsp3 蛋白，一个庞大的分子，由 1 621 aa 组成，其结构预测揭示了其复杂而多样的功能潜力。其中，主要特征之一是它包含了 2～3 个高度保守的结构域，这些区域在进化过程中保持了稳定，对蛋白的功能至关重要。此外，nsp3 还展现了三个疏水区域，这些区域可能与其在病毒粒子内或宿主细胞中的定位及相互作用有关。

尤为值得注意的是，nsp3 中的 ADRP（ADP-核糖-1-单磷酸酶）结构域，它属于 macroH2A 样家族的一员，这一保守且核心的结构域在 SARSCoV 及人冠状病毒 292E 等病毒中的缺失被观察到能增强宿主细胞对 IFN-β（干扰素 β）的敏感性。这一发现暗示了 ADRP 可能参与了病毒的免疫逃逸策略，通过某种机制降低宿主免疫反应，从而有利于病毒的生存和复制。

除了 ADRP 结构域外，nsp3 还装备了两个关键的木瓜蛋白酶样蛋白酶

（PLPro）。这些酶在病毒的生命周期中扮演着切割工的角色，专门负责在nsp1/nsp2和nsp2/nsp3的连接处进行精确的蛋白水解。这些切割事件不仅是病毒基因组复制和后续表达过程中的必要步骤，也确保了病毒能够有序地组装其复制机器，进而实现高效地增殖。因此，nsp3及其所包含的PLPro酶对于PEDV的生命周期具有不可或缺的作用。

（四）非结构蛋白nsp4、nsp5和nsp6

在PEDV的复杂生命机制中，nsp4与nsp6作为关键的跨膜蛋白，各自以其独特的疏水结构域特性展现其功能的重要性。nsp4，以其四个疏水结构域为标志，不仅在构建病毒复制所需的双膜囊泡过程中发挥调控作用，还通过与nsp3和nsp6的紧密合作，深化了其在病毒组装与复制网络中的核心地位。而nsp6，预测拥有7个疏水结构域，其在病毒与宿主细胞相互作用中的另一层面显现得尤为突出。与SARS-CoV、MHV及IBV等冠状病毒相似，PEDV的nsp6同样具备诱导宿主细胞自噬体形成的能力。这一功能不仅关联到病毒复制效率的调控，还可能影响宿主细胞的稳态与存活状态，为病毒创造更为有利的生存环境。

此外，PEDV的nsp5蛋白酶，作为病毒成熟过程的关键催化剂，其重要性不言而喻。nsp5与抗病毒药物小分子的结合能力，不仅揭示了病毒复制周期中的一个脆弱环节，也为科研人员开辟了新的药物研发路径。这一发现不仅加深了对冠状病毒生物学特性的理解，更为未来针对此类病毒的治疗策略提供了宝贵的靶点和思路。

（五）非结构蛋白 nsp7、mnsp8、nsp9、nsp10 和 nsp11

冠状病毒的 nsp7 与 nsp8 蛋白之间存在着一种紧密协作的聚集现象，这一特征在 SARS-CoV 及猫冠状病毒的晶体结构研究中得到了清晰的展示。鉴于 PEDV 的 nsp7 与 nsp8 在序列上与猫冠状病毒展现出高达约 81%的同源性，因此有理由推测，PEDV 中这两种蛋白的聚集模式及晶体结构可能与猫冠状病毒极为相似。这一推测不仅为未来解析 PEDVnsp7/nsp8 复合体的精细结构提供了有力的理论支撑，也预示着可以借鉴猫冠状病毒的研究成果来加速对 PEDV 的深入研究。

转向 nsp9 是冠状病毒中一位专注于核酸绑定的关键角色，其强大的结合能力对于病毒基因组的精确合成与复制至关重要。而 nsp10，则是病毒多聚蛋白加工流程中的一位不可或缺的大师，它的工作直接影响着病毒复制周期的顺畅进行。

nsp11 是冠状病毒复制机制中的核心引擎——RNA 依赖性 RNA 聚合酶（RdRp）。在 SARS-CoV 中，nsp11 与 nsp8 形成了高效的协作团队，其中 nsp8 作为引物酶，为 nsp11 的 RNA 复制任务提供了精准的起始信号。这种协同作用极大地提升了病毒 RNA 的复制效率，是冠状病毒成功繁衍的关键所在。

（六）非结构蛋白 nsp12、nsp13、nsp14、nsp15 和 nsp16

冠状病毒的 nsp12 是一种多功能的解旋酶，它具备 NTP、dNTP 和 RNA5′-三磷酸酶的活性。在结构上，nsp12 的 C 端是解旋酶区域，而 N 端则是锌指结构。这些特性使得 nsp12 在病毒的生命周期中扮演着关键角色。

nsp13 同样是一种解旋酶，但其独特之处在于它具备解开 DNA 双链和 RNA 的能力。这种特性可能与病毒 RNA5′端的加帽结构有关，这是病毒 RNA 复制和转录过程中的重要步骤。

nsp14 被归类为核糖核酸内切酶，它在病毒 RNA 的特定位置进行切割，从而影响 RNA 的结构和功能。

nsp15 和 nsp16 共同构成了一个核糖核酸外切酶复合体，它们具有 3′→5′的外切酶活性。这种活性能够影响病毒 RNA 的合成过程，是病毒复制过程中的重要环节。其中，nsp15 本身是一个 2′-O-甲基转移酶，但只有当它与 nsp10 相互结合时，才能表现出甲基转移酶的活性。这一发现为理解冠状病毒如何调控其 RNA 的修饰提供了新的见解。

五、病毒的抵抗力

猪流行性腹泻病毒（PEDV）的抵抗力主要体现在其对环境因素的稳定性和对消毒剂的敏感性上。PEDV 对热敏感，尤其是高温环境可以迅速使其失去感染力。但在寒冷环境中，PEDV 可以长时间存活，因此，在冬季或寒冷地区，PED 疫情更容易发生。由于 PEDV 是一个有囊膜的病原，而乙醇可以溶解囊膜，所以很多有机溶剂如乙醇、乙醚、氯仿都可以将囊膜溶解掉，没有囊膜的病毒就失去感染能力，一般消毒剂能有效灭活该病毒。因此，在猪场环境中，采用适当的消毒措施，如使用消毒剂对猪舍、设备、饲料等进行定期消毒，可以有效减少 PEDV 的传播和感染。尽管 PEDV 在某些条件下具有较强的抵抗力，但通过采取适当的预防和控制措施，如加强猪场管理、提高猪群免疫力、隔离患病猪只等，仍然可以有效地控制和预防 PED 的发生和传播。

（一）致弱毒株毒力评价

有实验利用传代140代致弱的病毒接种实验猪，对接种了弱毒株的仔猪进行了为期一周的跟踪检测，主要通过采集肛门拭子样本来检测PEDV病毒核酸的存在情况。实验结果显示，除了商品化弱毒苗组和弱毒组中有少数几头猪在攻毒后的第6 d或第7 d出现短暂的抗原阳性外，其余各组在攻毒前、攻毒后5 d及攻毒后8～14 d的肛门拭子检测结果均为阴性，这表明经过连续传代致弱的毒株在仔猪体内不会引起明显的病毒排出，显示了其良好的安全性。

此外，值得注意的是，当前没有SPF猪，实验猪PEDV抗体的阳性率很高，大多数仔猪体内存在的母源抗体现象，这也是当前养猪业中的普遍情况。尽管如此，在接种弱毒疫苗14 d后，仔猪体内的抗体水平仍然出现了显著提升，这充分证明了弱毒株具有有效诱导仔猪产生免疫应答的能力，这提示其具备成为商业化疫苗的潜力，但也有人提出弱毒株在临床使用后会导致毒力返强的担忧。从另一个方面来说PEDV病毒极易突变，假设强毒株毒力不返强，它在临床的使用周期有多长，这也是一个值得深入探讨的问题。

（二）弱毒腹泻指数评价

在仔猪口服弱毒株的试验中，除了作为对照的强毒攻毒组外，其余所有接受弱毒处理的仔猪群体均表现出了良好的健康状况。具体而言，这些仔猪在接种后未出现拉稀症状，这是评估病毒毒力减弱及疫苗安全性时极为重要的观察指标之一。拉稀不仅是 PEDV 感染的主要临床症状，还可能对仔猪的生长发育造成严重影响，甚至导致死亡。因此，试验结果显示的无拉稀现象，充分说明了弱毒株在仔猪体内引起的免疫反应相对温和，未对肠道健康造成显著损害。拉稀的真正原因是肠黏膜脱落，脱落后水无法被吸收，一方面造成了猪机体的脱水；另一方面造成了腹泻的症状，这种腹泻表现为水样腹泻，脱水后还伴随一个症状是发热，这又跟体温升高的症状联系起来，在诊断疾病时要看到背后的机制。

同时，还要观察仔猪的精神状况是否良好，活动情况是否自如，与正常未接种的仔猪无异。这些临床特征评价可一定程度上证实毒株的低毒性和良好的耐受性，在免疫过程中是否对仔猪的日常生活和行为造成干扰。

在采食方面的评价，接受弱毒处理的仔猪采食量和采食行为，有没有出现因疾病导致的厌食或食欲下降现象。这些评价仔猪的消化系统功能的指标，也可以说明弱毒株是否对消化系统造成肉眼不可见的损伤。

仔猪口服弱毒株后所展现出的健康状态、精神状况以及正常的采食行为，均是该弱毒株是否具有良好安全性和免疫原性的有力证明。这些评价为弱毒株作为潜在商业化疫苗的应用提供了重要的实验依据和信心。

冠状病毒的毒力蛋白是刺突蛋白（S 蛋白），在病毒的生命周期中扮演着至关重要的角色，它不仅是病毒入侵宿主细胞的“钥匙”，通过与细胞表面的特异性受体紧密结合，开启病毒入侵的大门，还可以激发宿主免疫系统产生中和抗体，从而起到对抗感染的关键角色。S 蛋白的结构变化，尤其是其中发生的缺失或插入变异，能够深刻影响冠状病毒的致病能力及其对不同组

织的感染嗜性。

第三节　猪流行性腹泻病毒生物学特性

PEDV，全称为猪流行性腹泻病毒，是一种典型的冠状病毒科、冠状病毒属成员，具备独特的冠状病毒粒子形态。这些粒子被一层囊膜所包裹，囊膜表面装点着如皇冠样的突起结构，赋予其独特的外观。值得注意的是，PEDV 对高温环境尤为敏感，特别是当温度攀升至 60 ℃以上时，其感染力会迅速衰减。此外，该病毒还展现出对乙醇、乙醚、氯仿等有机溶剂的敏感性，这意味着使用常见的消毒剂便能有效将其灭活。PEDV 的基本结构——基因组，全长达 28 kb，其中编码病毒关键结构蛋白的基因，如 *S* 基因、*N* 基因和 *M* 基因等。这些基因如同病毒生命活动的指挥官，它们编码的蛋白质在病毒复制与组装的精密过程中扮演着重要角色，确保了病毒能够成功地进行自我复制并感染新的宿主细胞。

一、PEDV 的复制步骤

（一）病毒入侵细胞

PEDV 复制的初始阶段涉及病毒对宿主细胞的入侵。PEDV 主要通过受体介导的内质网内吞途径侵入细胞。该病毒与肠上皮细胞表面的特定受体结合，从而实现其进入并感染宿主细胞的过程。

（二）基因组复制

PEDV 的基因组由单股正链 RNA 构成。当 PEDV 进入宿主细胞的细胞质后，其基因组 RNA 在特定酶的作用下开始复制。这些酶包括 RNA 依赖性 RNA 聚合酶和 RNA 酶。

（三）mRNA 合成

在基因组复制的同时，PEDV 亦进行 mRNA 的合成。基因组复制过程中产生的负链亚基因组 RNA 可作为模板，用于合成正链亚基因组 RNA 和 mRNA。这些顺式合成的 mRNA 负责编码病毒蛋白质。

（四）蛋白质合成

mRNA 合成完成后，宿主细胞的核糖体将启动 PEDV 蛋白质的合成。PEDV 基因组编码多种蛋白质，这些蛋白质在病毒复制周期中扮演关键角色。这些蛋白质包括结构蛋白（如核衣壳蛋白和膜蛋白）以及非结构蛋白（如 RNA 复制酶和调节因子等）。

（五）病毒组装与释放

PEDV 的结构蛋白在宿主细胞内组装成病毒的核衣壳和膜结构。一旦病毒颗粒组装完成，它们将出现在宿主细胞的细胞膜上，并通过细胞膜融合释放到外部环境中。这些释放的病毒颗粒能够继续感染其他宿主细胞，从而实现 PEDV 的复制周期。

二、细胞糖酵解对猪流行性腹泻病毒复制

猪流行性腹泻（PED），作为一种极具破坏力的急性肠道疾病，主要危及新生仔猪群体，其高致死率令人担忧。其病原——猪流行性腹泻病毒（PEDV），归类于套式病毒目、冠状病毒科、α冠状病毒属，是一种依赖宿主细胞内部环境进行复制的 RNA 病毒。

为了深入研究 PEDV 的复制机制，特别是其在利用宿主细胞糖酵解途径方面的策略，有实验采用了体外感染模型。在 12 孔板中培育了 IPEC-J2 细胞层，随后用感染复数为 1 的 PEDVYC2014 毒株进行感染。在感染前及感染过程中，引入了糖酵解抑制剂 2-DG，旨在探究糖酵解对 PEDV 复制的具体影响。首先，确保 IPEC-J2 细胞在孔板中形成致密单层后，用含有特定浓度（10 μmol/L）2-DG 的培养基预处理细胞，以抑制其糖酵解活动。预处理结束后，引入 PEDV 进行感染，并在感染期间持续维持 2-DG 的存在，以观察其对病毒复制的影响。在感染后 36 h 的关键时间点，收集细胞样本，通过分子生物学技术（qPCR 和 Westernblotting）精确量化 PEDV 的复制水平。

病毒复制是一个高度依赖宿主细胞代谢支持的过程，特别是糖酵解途径，它为病毒复制提供了必要的能量。已有研究表明，多种病毒，如人巨细胞病毒（HCMV）和 SARS-CoV-2，通过上调宿主细胞的糖酵解来促进自身复制。相应地，抑制糖酵解途径能有效阻碍这些病毒的复制。

该实验室的前期工作进一步揭示了 PEDV 感染过程中糖酵解活动的显著增强，表现为细胞内乳酸水平的大幅上升及关键糖酵解酶 HK2 表达的上调。抑制糖酵解的实验得出一个结论，抑制糖酵解能有效遏制 PEDV 的复制，这为开发针对 PEDV 的新型防控策略提供了有力支持。因此，适度调控宿主细胞的糖酵解过程可能成为未来抗击 PED 疫情的一个重要方向。

三、DDX1 蛋白影响猪流行性腹泻病毒复制的机制

RIG-I 作为 DEAD-box 蛋白家族的关键成员，其家族特点是具备 ATP 依赖性的 RNA 解旋酶活性，这些特性在机体的先天抗病毒防御体系中占据着核心地位。DDX1，作为该家族中的一个独特存在，其特点在于含有一个独特的 SPRY 结构域，由 220 aa 组成。DDX1 在细胞功能的多个层面展现其重要性，特别是在调节先天抗病毒免疫反应中扮演了关键角色。然而，关于 DDX1 在猪流行性腹泻病毒（PEDV）感染过程中的具体作用，目前仍是一个亟待探索的未知领域。

为了深入研究这一问题，有人用 IPI-2I 细胞系、PEDV 毒株、质粒载体，利用细胞 RNA 提取、反转录及 PCR 扩增等先进技术，结合免疫沉淀、Westernblotting 等方法，系统地研究了 DDX1 在 PEDV 感染过程中的作用。通过间接免疫荧光试验，直观地观察到 PEDV 在 IPI-2I 细胞中的感染情况，并成功建立了 IPI-21 细胞感染模型。进一步地，利用实时荧光定量 PCR 和 Westernblotting 技术，定量分析了 PEDVN 基因 mRNA 及蛋白的表达水平，从而揭示了 DDX1 在抑制 PEDV 复制方面的显著效果。

这些发现，在 PEDV 感染 IPI-2I 细胞 12 h 后，DDX1 的存在能够显著降低 PEDVN 基因 mRNA 和蛋白的表达水平，进而抑制病毒的复制。这一发现不仅拓展了对 DDX1 在抗病毒免疫中作用的认识，也为未来开发针对 PEDV 的新型防控策略提供了重要的科学依据。

利用 ProtParam 在线软件分析显示，DDX1 蛋白由 740 aa 构成，包含多种氨基酸类型，如丝氨酸、苏氨酸和酪氨酸等。进一步的分析预测了 DDX1 的多个磷酸化位点，暗示 DDX1 蛋白可能发生磷酸化。进一步的研究还显示，在 PEDV 感染 IPI-2I 细胞 12 h 后，DDX1 的磷酸化水平显著增强。蛋白质磷酸化是一种重要的翻译后修饰，通过添加磷酸基团到特定氨基酸（如丝氨酸或苏氨酸）上，从而改变蛋白质的结构和功能。因此，可以推测 DDX1 的磷酸化可能增强了其抗病毒活性，成为宿主对抗 PEDV 的关键蛋白。

自 2010 年底以来，中国暴发了大规模的猪流行性腹泻（PED），这是一种对 3～5 日龄哺乳仔猪具有高致死率（高达 100%）的传染病。尽管许多猪场已经进行了疫苗接种，但 PED 病毒（PEDV）的威胁依然严峻。因此，深入探索 PEDV 感染期间的关键分子并开发特效药物成为了迫切的需求。

第四节　猪流行性腹泻病毒的培养特性

PEDV 作为一种冠状病毒，其培养严苛，需在特定细胞系如 Vero 细胞中，依赖胰蛋白酶促进增殖，呈现多形性球形结构且对外界环境敏感。培养中需控制温度、pH 值等条件，确保病毒稳定传代与遗传稳定，为疾病防控与疫苗研发奠定基础。

一、猪流行性腹泻病毒感染的细胞类型

PEDV 在猪体内的主要靶细胞仍然是肠绒毛上皮细胞。这些细胞在病毒感染过程中起着至关重要的作用，是 PEDV 复制和增殖的主要场所。PEDV

感染后，这些细胞会受到破坏，肠绒毛萎缩、脱落。但在体外感染的情况下，很少的毒株可以感染小肠上皮细胞，在实验过程中，笔者尝试了十几种细胞，只有 CV777 这个弱毒株可以感染小肠上皮细胞（IEC），这个细胞是体外永生化肠上皮细胞的一种，另外一种德国永生化的肠上皮细胞 IPEC-J2 则不能被 PEDV 感染，还有一种结肠上皮细胞 IPI，在有些实验中可以被感染，据说这跟细胞来源有关，可能有些来源的 IPI 细胞已经用单克隆方法筛选过，有些 IPI 细胞可能被改造过。导致病毒随粪便排出，进而污染周围环境。此外，根据一些研究，PEDV 还具有一定的跨物种感染能力。例如，有实验表明 PEDV 的某些毒株能够感染人小肠上皮细胞（FHs74Int 细胞），尽管这并不意味着 PEDV 对人类具有直接的重大威胁，但它确实揭示了冠状病毒跨物种传播的潜在风险。

在防治猪流行性腹泻的过程中，了解病毒的感染细胞类型对于制定有效的防控策略至关重要。例如，可以通过改善猪舍的卫生条件、加强饲养管理、使用消毒剂等措施来减少病毒在环境中的存活和传播，从而降低猪群的感染风险。同时，对于已经感染的猪群，可以采取隔离、对症治疗等措施来控制病情的发展，减少损失。

二、猪流行性腹泻病毒的培养特性

自 PEDV 被科学界发现以来，其在体外细胞培养环境中的成功增殖便成为了一个长期困扰研究人员的难题。尽管众多研究者不懈努力，尝试多种策略，但 PEDV 的细胞培养技术进展缓慢，直到 1988 年，Hofmann 等人的突破性发现彻底改变了这一局面。他们巧妙地通过在 Vero 细胞培养体系中引

入胰酶，首次实现了 PEDV 的稳定增殖与连续传代，这一成就不仅为 PEDV 的深入研究开辟了先河，也极大地推动了相关领域的发展。

随着研究的逐步深入，人们逐渐认识到 PEDV 在 Vero 细胞上的培养并非易事，需要精细调控多种条件，尤其是培养液中胎牛血清的排除和胰酶浓度的精确控制。然而，一旦 PEDV 适应了 Vero 细胞环境，其增殖能力便能在其他多种细胞系中得以展现，如 PK-15、IBRS2 和 ST 细胞等，这进一步拓宽了 PEDV 研究的细胞模型范围。

面对 PEDV 体外培养过程中遇到的种种挑战，如高难度的病毒适应性、较低的繁殖滴度以及不明显的细胞病变等，科研人员展现出了不屈不挠的精神，持续探索新的解决方案。他们不仅尝试了多种细胞系，还在肾原代细胞、仔猪膀胱原代细胞以及 MA104、ESK、CPK、KSEK6 和 IB-RS-2 等传代细胞系上成功培养了 PEDV，这些成果为深入理解 PEDV 的生物学特性、分子生物学机制以及疫苗研发奠定了坚实的基础。

在研究过程中，S 蛋白作为冠状病毒细胞适应性和嗜性的关键因子，受到了特别的关注。研究表明，S 蛋白的突变能够显著影响病毒的细胞适应性和组织嗜性。以 TGEV 和 IBV 为例，S 蛋白特定氨基酸位点的突变会导致病毒失去对肠道细胞的偏好性或增强在 Vero 细胞上的增殖能力。类似地，PEDV 在适应 Vero 细胞的过程中也观察到了 S 基因的碱基突变现象，这些突变涉及 S 蛋白的信号肽、S1 和 S2 胞外区等多个重要区域，提示 S 蛋白的变异可能是 PEDV 成功适应细胞培养的关键因素之一。然而，关于 S 蛋白突变在 PEDV 细胞适应中的具体作用机制和作用位点仍需进一步深入研究。

三、猪流行性腹泻病毒的分离培养

猪流行性腹泻病毒的分离是一个复杂但重要的过程，主要涉及样本采集、病毒富集、细胞培养、病毒鉴定等几个关键步骤。首先，从疑似感染猪流行性腹泻的猪只中采集样本是关键。通常，这些样本包括发病猪的粪便、小肠内容物或肠道组织。这些样本在采集后需迅速处理并妥善保存，以保持病毒的活性。接下来，为了从复杂的环境样本中富集病毒，可能需要进行一系列的预处理步骤，如过滤、沉淀或浓缩等。这些步骤有助于去除样本中的杂质，提高病毒的浓度，为后续的病毒分离提供更有利的条件。在病毒富集后，通常需要将病毒接种到易感的细胞系中进行培养。猪流行性腹泻病毒可以在多种细胞系中生长，但最常用的是猪小肠上皮细胞或特定的胎猪肾细胞系。在细胞培养过程中，需要严格控制温度、湿度和营养条件，以确保细胞能够正常生长并支持病毒的复制。随着病毒在细胞中的复制，可以通过观察细胞病变效应（CPE）或使用特定的检测方法（如免疫学检测、核酸检测等）来鉴定病毒的存在。一旦确认病毒成功分离，就可以进行后续的病毒鉴定、毒株保存和进一步研究。

但在当前条件下，大多数的 PEDV 可以被分离、传代，有人用 IEC 分离出了 PEDV 毒株，但包括美国和欧洲的大多数 PEDV 毒株的分离一般都使用 Vero 细胞，加上 10 μg/mL 的胰酶就可以使病料中的病毒成功感染。Vero 细胞已被广泛视为 PEDV 体外培养的“黄金标准”，但病毒在这一平台上的适应性及增殖效率却常受诸多因素制约，如细胞来源、毒株差异及培养条件等。强毒株 PEDV 在 Vero 细胞中低代次的繁殖滴度较低，弱毒株 CV777 则缺乏

显著的细胞病变特征，这些技术瓶颈限制了其在实验室条件下的高效增殖。通过精心处理疑似 PEDV 感染的样本，并将其接种至 Vero 细胞培养体系中，随后密切监测细胞形态与功能的异常变化，以此作为病毒感染的直接证据。为了提升诊断的精准度，往往需要辅以多种检测技术的综合应用，以形成更为全面和稳固的诊断结论。

在深入研究 PEDV 的细胞培养特性时，发现该病毒在 Vero 细胞上的适应性随传代次数的增加而逐渐增强，见图 2-2、图 2-3。经过多次传代后，PEDV 能够在 Vero 细胞中稳定增殖，并引起明显的细胞病变效应。此外，还通过蚀斑形成实验观察到了 PEDV 在 Vero 细胞上形成的两种不同大小的蚀斑，这一发现为进一步了解 PEDV 的复制机制和感染特性提供了重要线索。

图 2-2　PEDV 感染 Vero 细胞图片

图 2-3　空白组 Vero 细胞

第五节　猪流行性腹泻病毒的致病机制研究

猪流行性腹泻病毒（PEDV）的致病机制主要涉及病毒与宿主细胞间的相互作用及其引起的肠道病理变化。PEDV 主要通过粪便—口途径传播，猪只感染后，其 S 蛋白与宿主细胞表面的受体结合，介导病毒进入细胞。在细胞内，PEDV 利用自身的复制酶系统进行基因组的复制和转录，产生新的病毒粒子。

PEDV 感染导致的主要病理变化集中在肠道，特别是小肠。病毒在肠上皮细胞内复制，导致细胞功能障碍和大量死亡，进而引起肠道吸收不良和消化不良。这种肠道损伤表现为小肠绒毛的萎缩和脱落，紧密连接的破坏，以及跨上皮阻力的降低。同时，PEDV 感染还伴随有促炎和先天免疫反应的增强，进一步加剧了肠道的炎症反应和损伤。此外，PEDV 感染还可能导致猪

只出现呕吐、脱水等症状，这些症状在新生仔猪中尤为严重，可能导致高死亡率。哺乳仔猪由于免疫系统尚未发育完全，对 PEDV 的抵抗力较弱，因此受害最为严重。而成年猪则通常表现为厌食和呕吐，但死亡率相对较低。

一、PEDV 的毒力基因

猪流行性腹泻病毒（PEDV）的毒力特性并非单一基因所能独立界定，而是一个复杂的多基因协同作用的结果。这意味着，PEDV 的毒力并非由某个孤立的"毒力基因"单独决定，而是多个基因及其相互间的精密调控共同塑造的。在 PEDV 的遗传图谱中，存在几个关键性的基因或基因区域，它们对病毒的感染能力、在宿主细胞内的复制效率以及最终的致病表现具有显著影响。这些基因或区域不仅直接参与病毒的生命周期调控，还可能在病毒与宿主之间的相互作用中扮演重要角色，从而间接影响病毒的毒力表现。因此，可以说，PEDV 的毒力是由一个复杂的基因网络共同调控的，这个网络中的每一个节点（即基因或基因区域）都可能在不同的层面上对病毒的毒力产生贡献。通过深入研究这些关键基因或区域的功能及其相互作用机制，可以更全面地理解 PEDV 的毒力特性，并为防控该病毒提供更为有效的策略。

（一）*S* 基因

S 基因，作为猪流行性腹泻病毒（PEDV）基因组中的一颗璀璨明珠，其序列全长约 4 152 nt，根据病毒发生的突变不一样，基因长度会有所浮动，编码着病毒外衣的关键成分——S 蛋白。S 蛋白，它是一个三聚体糖蛋白，如同病毒表面的哨兵，不仅装点着病毒粒子的外观，更在病毒侵袭宿主时的

黏附和内化阶段发挥作用。

S 蛋白的独特结构被精心划分为两个功能域：N 端的 S1 区和 C 端的 S2 区。其中，S1 区以其与病毒毒力之间的紧密联系而备受瞩目。在免疫系统的重重压力之下，S1 区展现出了频繁的强突变能力，这不仅帮助病毒逃避宿主的免疫防御，还暗含着影响病毒致病性强弱的关键密码。此外，S1 区内镶嵌着能够触发中和反应的关键抗原表位，这些表位是疫苗设计者和抗体检测寻找的靶点，因为它们为阻断病毒感染提供了可能。

因此，*S* 基因不仅是 PEDV 遗传演变研究的焦点，也是科学家们探索病毒奥秘、开发新型防控策略的宝贵资源。通过对 *S* 基因的深入剖析，不仅能更好地理解 PEDV 的致病机制，还能为设计更加精准有效的疫苗和抗体检测工具提供坚实的理论基础。

（二）*ORF3* 基因

ORF3 基因编码一个功能未知但具有多态性的蛋白。虽然 *ORF3* 蛋白的具体功能尚不完全清楚，但已有研究表明它与 PEDV 的毒力有关。不同毒株的 *ORF3* 基因序列存在差异，这些差异可能影响病毒的致病性和免疫逃逸能力。

（三）其他结构蛋白基因

除了 *S* 基因外，PEDV 还编码其他结构蛋白如 M 蛋白（膜糖蛋白）、E 蛋白（小膜蛋白）和 N 蛋白（核衣壳蛋白）。这些结构蛋白在病毒粒子的组装、出芽和感染过程中发挥重要作用，但它们与毒力的直接关系可能不如 *S* 基因和 *ORF3* 基因显著。

（四）非结构蛋白基因

PEDV 的基因组还包含编码非结构蛋白的基因，如由 ORF1a 和 ORF1b 编码的复制酶多聚蛋白 lab。这些非结构蛋白在病毒的复制和转录过程中起关键作用，但它们与毒力的直接关系可能更多地体现在对病毒复制效率和感染能力的影响上。

二、病毒的侵入与复制

猪流行性腹泻病毒（PEDV）的首要目标是猪的小肠上皮细胞，通过其标志性的 S（刺突）蛋白精准锁定并附着于肠道细胞表面的受体，启动病毒与细胞的初步联结。随后，S 蛋白被胰蛋白酶裂解形成融合肽，介导病毒外膜与宿主细胞膜的融合，为病毒核心——正链 RNA 的入侵开辟道路。

一旦 PEDV 的 RNA 在细胞内释放，它便巧妙地利用宿主细胞的转录机制，复制自身 RNA 并启动病毒蛋白的合成，包括那些构成病毒外壳和关键结构元件的前体。这些组件经过精细地加工、组装，最终转化为新一代的病毒颗粒。

随着病毒子代的成熟，它们利用细胞的内吞与融合机制，悄然突破宿主细胞的防线，向邻近的肠道细胞发起新一轮的侵袭，导致病毒在猪体内迅速蔓延，引发急性感染。此过程不仅深刻改变了小肠绒毛的形态与功能，导致吸收能力急剧下降，还伴随着严重的腹泻与脱水症状，对猪只的健康构成重大威胁。

此外，PEDV 感染还触发了猪体免疫系统的复杂反应，淋巴组织如淋巴结、脾脏及扁桃体可能出现炎症反应，削弱整体免疫防御，使猪只更易受到其他病原体的攻击。同时，病毒还可能侵袭肺部、心脏等远端器官，引发充血、水肿及炎症等病理变化，进一步加剧病情。

（一）PEDV 的细胞受体

冠状病毒 S 蛋白与细胞表面蛋白及糖类分子的互作对病毒入侵至关重要。APN 是一种 150 kDa 的Ⅱ型跨膜糖蛋白，为多种 α 冠状病毒如 PEDV、TGEV 等的重要受体，主要表达于肠上皮细胞，功能多样。研究表明，PEDV 与 APN 相互作用显著，如病毒结合实验显示 PEDV 的入侵可被 APN 抗体阻断。过表达 APN 的细胞对 PEDV 易感，S1 蛋白与 APN 结合也得到实验支持。APN 抗体或结合肽预处理降低 PEDV 感染，转基因 APN 小鼠可被 PEDV 感染，进一步证实了 APN 作为 PEDV 受体的作用。

PEDV 与 APN 的结合位点位于其 S 蛋白的 C 端 S1 结构域（477 629 aa），这与 TGEVS1 的受体结合区（505 655 aa）相似，但两者在受体结合域中存在不保守的芳香族氨基酸残基，表明这两种病毒与 APN 的结合方式有所不同。尽管 Vero 细胞广泛用于 PEDV 的分离与增殖，但研究表明 Vero 细胞并不表达 APN，这暗示 PEDV 在感染 Vero 细胞时可能依赖于其他受体。这些发现不仅有助于更深入地理解冠状病毒的感染机制，还为开发针对这些病毒的新型疫苗和抗病毒药物提供了潜在的目标。

PEDV 与细胞受体的结合过程异常复杂，并且呈现出一种多样化的宿主细胞适应性。与 TGEV 不同，PEDV 不仅与猪源 APN 相互作用，还能与人源 APN 结合，显示出其广泛的宿主范围。此外，PEDV 在体外实验中表现出对除猪源外多种细胞系的感染能力，包括蝙蝠和灵长类动物（人类和非人类)，这进一步揭示了其跨物种传播的潜力。

除了与 APN 的相互作用外，PEDV 还表现出与唾液酸结合的能力。这种唾液酸结合特性在多种冠状病毒中均有发现，是病毒体外感染细胞的关键环节之一，但其具体作用机制可能因病毒种类而异。有趣的是，TGEV 的 S1 蛋白虽然也具备与唾液酸结合的能力，但这种结合对其体外感染宿主细胞并非必需。

（二）S 蛋白与侵入

1. S 蛋白的唾液酸结合能力

在探讨不同 PEDV 毒株对人血红细胞的凝集能力时，研究者们发现了显著的多样性。除了 DR13 毒株外，PEDV-GDU 展现了一种独特的依赖唾液酸的血红细胞凝集特性，这一特性在红细胞经细菌唾液酸苷酶预处理后消失，与 IVA 病毒的凝集模式相类似，从而被选定为阳性对照的参考点。然而，值得注意的是，PEDV-caDR13 和 PEDV-UU 两种毒株并未表现出任何红细胞凝集活性，这提示了它们在结构或功能上的差异。

一种基于重组 S1 蛋白的策略进行红细胞凝集试验。将不同 PEDV 毒株的 S1 蛋白 C 端与人 IgGFc 段融合（S1-Fc），在 HEK-293T 细胞中表达这些融合蛋白，并通过蛋白 A 琼脂糖珠纯化技术获得高纯度的重组蛋白。对 DR13 和 UU 的 S1-Fc 蛋白进行了多聚化处理，未能显示出 HA（血凝集）活性。

有研究还揭示了 GDU 毒株与无血凝活性的 UU 毒株在 S1 亚基 N 端前 248 aa 序列上存在显著的差异，其中 69 aa 中有 51 个不同。为了精确定位唾液酸结合的关键结构域，设计了两个 S1 嵌合体，分别将 GDU 毒株 S1 蛋白的 N 端（1 249 aa）与 UU 毒株的相应区域进行互换。实验结果显示，仅当嵌合体包含 GDU 毒株 S1 蛋白的 N 端（1 249 aa）时，才表现出红细胞凝集能力。这一发现强有力地证明了唾液酸结合活性位点确实位于 S1 蛋白 N 端的这 249 aa 残基之内，为理解 PEDV 的毒株特异性及其与宿主细胞相互作用的分子机制提供了新的视角。

2. 猪流行性腹泻病毒在体外增殖需要胰蛋白酶

在病毒感染过程中，胰蛋白酶不仅参与病毒的侵入，还在细胞与细胞的融合、合胞体形成中起到关键作用。胰蛋白酶可能通过激活 S 蛋白来介导膜融合，这对于病毒进入细胞至关重要。此外，子代病毒的释放过程也依赖于蛋白酶的作用。这些发现揭示了胰蛋白酶在 PEDV 生命周期中的多重功能，特别是在病毒侵入和释放过程中的关键作用。

3. S 蛋白融合功能的激活需要剪切冠状病毒

病毒 S 蛋白构象变化是融合关键，需受体结合、酸性 pH 或蛋白酶激活，且为单向不可逆。PEDVS 蛋白通常非剪切，但某些α-冠状病毒有 S2′剪切位点。PEDV 感染依赖胰蛋白酶激活 S 蛋白，该过程在受体结合后发生，防止小肠环境过早激活。通过引入弗林蛋白酶切位点，PEDV 突变株显示非胰蛋白酶依赖性融合，显示剪切对激活 S 蛋白膜融合功能的重要性。

4. S 蛋白的剪切决定了病毒的组织亲和性

PEDV 复制局限于小肠上皮细胞，受病毒与受体、融合激活酶互作调控。S 蛋白剪切位点变化影响病毒亲和性和致病性。PEDV 体外实验需胰蛋白酶，暗示体内可能依赖肠道特有蛋白酶。胃蛋白酶、胰蛋白酶等可能在 PEDV 感染中关键，限制其亲和性至小肠上皮细胞。

（三）PEDV 复制

PEDV 的基因组复制过程病毒颗粒通过膜融合的方式侵入宿主细胞，并释放其具有感染性的基因组 RNA，这与其他冠状病毒类似。基因首先翻译产生一个多聚前体蛋白，该蛋白经过共转译过程后，生成 RNA 依赖性 RNA 聚合酶（RdRp）及其他参与病毒 RNA 合成的蛋白质。其中 RdRp 利用基因组 RNA 作为模板进行转录，产生负链 RNA，随后以负链 RNA 为模板合成不同长度的亚基因组 mRNA（sgmRNA）和基因组 RNA。5′ 端含有与基因组 RNA 相同的 L 序列，以及 3′ 端的一套相同的重叠序列是所有 sgmRNA 的共同特征。通常情况下，一个 sgmRNA 翻译合成其 5′ 端开放阅读框（ORF）所编码的一种蛋白质，这样不同的 sgmRNA 在细胞质中合成病毒的所有结构蛋白。N 蛋白与新合成的基因组 RNA 在细胞质中形成螺旋状的核衣壳，核衣壳与固定在内质网和高尔基体之间空隙的 M 蛋白结合后，再与 E 蛋白结合。E 蛋白与 M 蛋白的相互作用促使病毒颗粒出芽，形成包裹的核衣壳。最终，被包裹的核衣壳在高尔基体内与经过糖基化等修饰的三聚体 S 蛋白结合，形成成熟的病毒颗粒，这些成熟的病毒颗粒通过类似融合的胞吐作用被释放到细胞外。

三、PEDV 感染对宿主细胞的影响

（一）N 蛋白核仁定位信号对宿主细胞周期的影响

在探索猪流行性腹泻病毒（PEDV）的 N 蛋白生物学功能时，科学家们

注意到这一富含碱性氨基酸且磷酸化的结构蛋白能独特地定位于宿主细胞的核仁中。这一特别定位模式激发了深入研究的兴趣，因为它可能意味着N蛋白在调控核仁功能、乃至干扰宿主细胞周期方面扮演着重要角色，从而为病毒复制创造有利环境。

为了揭开N蛋白核仁定位信号的神秘面纱及其对细胞周期的具体影响，科学家构建了不含核仁定位信号的重组质粒，并巧妙地将其引入Vero E6细胞中进行表达观察。通过激光共聚焦显微镜的精密扫描和流式细胞术的定量分析，科学家们得以直观且定量地分析N蛋白在缺失核仁定位信号后的细胞定位变化及其对细胞周期的动态影响。

当N蛋白的核仁定位信号被移除后，N蛋白在VeroE6细胞中的定位模式发生了显著变化，由原本的核仁定位转变为完全局限于细胞质内。这一发现通过激光共聚焦显微镜得到了直观验证。进一步地，流式细胞术分析揭示了N蛋白与细胞周期之间的关系：完整的N蛋白能够诱导细胞在G2/M期发生停滞，而失去核仁定位能力的N蛋白则失去了这一能力。这一结果表明，N蛋白的核仁定位对于其调控宿主细胞周期、进而促进病毒复制的过程至关重要。

（二）猪流行性腹泻病毒与宿主之间的互作

冠状病毒的细胞进入主要取决于S蛋白与受体的相互作用。在病毒进入过程中，S蛋白的裂解和活化可能取决于丝氨酸蛋白酶在S1/S2连接处和S2区域融合肽附近的水解S蛋白。S蛋白通过与TfR1的细胞外结构域相互作用来增强TfR1内化，从而促进病毒进入。结构蛋白S的S1亚基是识别和结合细胞受体的关键区域。冠状病毒S1亚基的C端结构域（S1-CTD）和N端

结构域（S1-NTD）都可以作为 RBD 与受体相互作用。在多种冠状病毒中，S1-CTD 识别血管紧张素转换酶 2（ACE2）、二肽基肽酶 4（dipeptidylpeptidase4，DPP4）和氨肽酶 N（aminopeptidaseN，APN）并与之结合，介导 SARS-CoV、人冠状病毒 NL63（HCoV-NL63）、中东呼吸综合征冠状病毒（MERS-CoV）、传染性胃肠炎病毒（TGEV）和猪呼吸道冠状病毒（PRCV）。同时，S1-NTD 作为受体结合位点，与癌胚抗原细胞黏附分子 1（CEACAM1）或糖受体相互作用更多，促进小鼠肝炎病毒（MHV）和牛冠状病毒（BCoV）等病毒的附着和进入。与其他冠状病毒类似，受体 pAPN 的 RBD 位于 PEDV 的 S1-CTD 内，而 PEDV 的 S1-NTD 被认为是唾液酸聚糖的受体结合位点。也有研究表明，S 蛋白通过与表皮生长因子受体（EGFR）结合以增加 PEDV 感染，从而抑制 IFN 介导的先天免疫反应。作为一种跨膜糖蛋白，EGFR 可能与 S1-CTD 结合，以促进病毒进入，但与其相互作用的 S 蛋白的受体结合位点仍有待验证。

E 蛋白和 M 蛋白分别通过直接与 IRF3 和 IFN 调节因子 7（IRF7）相互作用来抑制Ⅰ型 IFN 免疫应答。除了逃避先天免疫反应外，E 蛋白还诱导内质网（ER）应激，上调 IL-8 表达，并可能在抑制宿主细胞凋亡方面发挥作用。已经证实 M 蛋白与 5 种蛋白（RIG-I、PPID、NHE-RF1、S100A11、CLDN4）相互作用，其中 M 蛋白可能通过与 S100A11 或 PPID 相互作用来抑制 PEDV 的增殖。

结构蛋白 N 在促进病毒复制和抗先天免疫反应方面起着重要作用。在 TGEV 中，N 蛋白不是 RNA 复制所必需的，而是转录所需的关键蛋白。虽然 PEDVN 蛋白在 RNA 合成中的作用尚未得到阐明，但已经有很多间接证据表明 N 蛋白在 PEDV 复制中的作用。一项证据是 N 蛋白在核仁中共定位并与核磷脂（NPM1）相互作用，促进病毒复制并抑制细胞的凋亡能力。同样，N 蛋白与 p53 的相互作用主要通过诱导细胞周期的 S 期停滞来促进病毒复制。另一个证据是 N 蛋白与异质核糖核蛋白 A1（hnRNPA1）相互作用，hnRNPA1 是一种参与 pre-mRNA 剪接和细胞核-cytoplasm 输出的 RNA 结合蛋白，促进 PEDV 复制。此外，PEDVN 蛋白具有多种逃避宿主免疫应答的机制，其中一种是最经典的抗 IFN 免疫应答：N 蛋白通过阻断 NF-κB 的核易位来拮抗 IFN-λ3 的产生；N 蛋白通过直接相互作用靶向 TANK 结合激酶 1（TBK1），竞争性抑制 TBK1 与 IRF3 的结合，导致 IRF3 激活受到抑制，随后产生 Ⅰ 型 IFN。逃避宿主免疫反应的另一种新机制是抑制先天免疫的重要调节因子 HDAC1：细胞核中的 N 蛋白直接与组蛋白脱乙酰酶（HDAC）表达的重要转录调节因子 Sp1 相互作用，间接抑制受 HDAC1 调节的多种先天免疫效应子的复制和转录。

ORF3 主要定位于内质网，触发与凋亡或自噬相关的内质网应激反应。ORF3 在高尔基体（高尔基体）中也发现积累，高尔基体通过胞吐途径从内质网转运到高尔基体区域；还发现 ORF3 存在于感染细胞的表面，并与质膜上的 S 蛋白相互作用，这可能与调节病毒复制的能力有关，其 ORF3 蛋白 C 端部分的基序对于 ORF3 从内质网转运到质膜至关重要。ORF3 通过抑制核因子 P65 的磷酸化和表达并干扰 P65 的核转位来抑制 NF-κB 活化，从而减少促炎细胞因子 IL-6 和 IL-8 的产生。同时，ORF3 与 IκB 激酶 β（IKBKB）相互作用，诱导 IKBKB 介导的 NF-κB 启动子活性，并激活 Ⅰ 型 IFN 诱导，但抑制 PolyI：C 介导的 Ⅰ 型 IFN 产生和诱导。这些发现突出了 ORF3 在免疫信号传导和病毒-宿主相互作用中的复杂作用。

ORF1a/b 编码的非结构蛋白 nsps 具有独特的抗宿主免疫反应，可能通过

增强下游ORFs的翻译来调节病毒复制。其中，nsp1是最有效的促炎细胞因子抑制因子，干扰IFN诱导。与干扰IRF3核易位的E蛋白不同，nsp1不干扰IRF3磷酸化和核转位，但通过降解CBP抑制I型IFN的先天免疫反应，阻断IRF3和CREB结合蛋白（CBP）增强体的组装。除此之外，nsp1还干扰素调节因子1（IRF1）的核易位，并抑制IRF1介导的Ⅲ型IFN免疫反应。nsp2通过一种非IFN介导的宿主免疫反应的新机制起作用，该机制与先天抗病毒因子FBXW7相互作用，并通过靶向泛素-蛋白酶体介导的FBXW7降解来阻碍宿主先天抗病毒反应的激活。而nsp4参与宿主的炎症反应，促进促炎细胞因子和趋化因子的表达，可能抑制PEDV在体外的复制。PEDV nsp5编码3C样蛋白酶，是另一种IFN拮抗剂。PEDV nsp5切割NF-κB必需调节因子（NEMO），破坏Ⅰ型IFN信号传导。nsp6通过PI3K/Akt/mTOR信号通路诱导自噬，在促进PEDV复制方面与下游nsp9具有相似的功能。在PEDV感染期间，PEDV以蛋白酶依赖性方式降解信号转导和转录1（STAT1）蛋白激活因子，干扰Ⅰ型IFN信号通路。然而，降解STAT1的PEDV功能蛋白尚不清楚。只有有限的证据表明nsp7与STAT1有关，nsp7可以与STAT1/STAT2的DNA结合域相互作用，阻断STAT1的核易位，并进一步拮抗IFN-α诱导的JAK-STAT信号传导。此外，nsp12（一种RNA依赖性RNA聚合酶）和nsp13（一种解旋酶）通过促进病毒RNA的释放参与PEDV的复制过程。PEDVnsp14的G-N-7甲基转移酶（G-N-7MTase）活性在调节PEDV复制以及Ⅰ型和Ⅲ型IFN免疫应答中起重要作用。与TBK1和IRF3的N蛋白隔离结合不同，nsp15利用核糖核酸内切酶（EndoU）活性降解TBK1和IRF3的RNA，以抑制其介导的Ⅰ型IFN反应。影响EndoU活性的nsp15的三个残基（H226、H241和K282）可能是抑制抗病毒活性的关键氨基酸。甲基转移酶 nsp16 是免疫相关基因的更有效调节因子，它依靠 KDKEtetrad 来调节 2'-O-MTase 活性，不仅可以减少 IFN-β 的产生，还可以抑制 IRF3 磷酸化，有效调节宿主对 PRRSV、水疱性口炎病毒（VSV）和 PEDV 等多种病毒的抗病毒反应。

总的来说，PEDV 的每种蛋白质成分在增强病毒复制和组装以及逃避宿主的先天免疫反应方面都发挥着重要作用。在一些非结构蛋白的情况下，如 nsp1、nsp5、nsp6 和 nsp13-16，虽然它们在逃避先天免疫信号中的作用已经得到阐明，但它们是否与宿主伴侣相互作用仍有待研究。相互作用蛋白质的分析对于阐明促进病毒增殖和逃避宿主免疫反应的分子机制可能具有重要意义。

四、PEDV 引起细胞凋亡的机制研究

（一）PEDV 感染与细胞凋亡的关系

在 PEDV 的感染过程中，病毒首先侵入小肠上皮细胞，这是其复制和增殖的主要场所。一旦进入细胞，PEDV 会利用其特定的机制，如病毒颗粒的脱壳、基因组的复制及病毒蛋白的合成，来确保其在细胞内的有效复制。然而，作为宿主细胞的一种自我保护机制，细胞凋亡会在病毒感染后被诱导，旨在通过自我毁灭的方式限制病毒的进一步扩散和复制。尽管细胞凋亡是宿主对病毒感染的一种重要防御手段，但 PEDV 却需要克服这一障碍以确保其生命周期的完成。因此，PEDV 感染与细胞凋亡之间存在着一种复杂的平衡关系，病毒需要通过一系列策略来抑制细胞凋亡，从而保证其在细胞内的持

续复制和增殖。

猪流行性腹泻病毒（PEDV）通过复杂的信号传导途径和分子机制，诱导并抑制细胞凋亡，从而实现在宿主细胞内的有效复制和增殖。在这些机制中，线粒体途径扮演了重要角色，主要涉及线粒体膜电位的降低以及凋亡相关因子的释放。尽管在 MAPK 信号通路中，p38MAPK 和 SAPK/JNK 已被激活，但它们与细胞凋亡的直接关联仍需进一步验证。此外，p53 信号通路的激活及活性氧（ROS）的累积也显著地参与了 PEDV 引发的细胞凋亡过程，通过调控下游靶基因和作为信号分子，共同促进了细胞凋亡的发生。未来研究应进一步揭示这些机制的具体细节及其在病毒致病性和防控策略中的重要性。同时，探索新的抗病毒策略以有效抑制 PEDV 的复制和传播，对于控制 PED 的流行具有重要意义。猪流行性腹泻病毒（PEDV）引起细胞凋亡的机制是一个复杂的过程，涉及多个信号通路和分子相互作用。

（二）PEDV 抑制细胞凋亡的机制

为了促进自身在细胞内的增殖，PEDV 主要通过其附属基因 ORF3 的表达产物来抑制细胞凋亡。此外，HSP70 作为应激诱导蛋白，在 PEDV 感染过程中可能受到 ORF3 的调控，从而发挥抗氧化和抗细胞凋亡的作用，进一步帮助病毒逃避宿主的免疫清除。

ORF3 蛋白是 PEDV 基因组中的一个重要非结构蛋白，其在病毒抑制细胞凋亡的过程中扮演着关键角色。研究表明，ORF3 蛋白能够抑制由 PEDV 感染引起的细胞早期和晚期凋亡，这一发现揭示了 PEDV 自身具备的一种重要的免疫逃逸机制。进一步的研究发现，ORF3 蛋白可能通过促进 HSP70（热休克蛋白 70）的表达来实现对细胞凋亡的抑制。HSP70 是一种高度保守的应激反应蛋白，具有抗氧化、抗细胞凋亡等多种生物学功能。在 PEDV 感染过程中，HSP70 的表达上调可能通过抑制 Caspase-3 等凋亡相关酶的激活，从而保护细胞免受凋亡的影响，为病毒的复制和增殖提供有利条件。

除了 ORF3 蛋白和 HSP70 外，PEDV 还可能通过其他机制来抑制细胞凋亡。例如，最近的研究揭示了 p53 在病毒感染诱导的细胞凋亡中的重要性。虽然这些研究并未直接针对 PEDV 进行，但它们提示了通过干预 p53 途径来抑制凋亡的可能性。p53 是一种重要的肿瘤抑制蛋白，其激活可触发细胞凋亡等生物学效应。因此，可以推测 PEDV 可能通过某种方式干扰 p53 的激活或功能，从而抑制细胞凋亡的发生。然而，这一假设尚需进一步的研究来证实。

对 PEDV 抑制细胞凋亡机制的研究不仅有助于更深入地理解该病毒的致病机制，还为开发新的防控策略提供了重要的理论依据。基于这些研究成果，未来可以探索开发针对 PEDV 细胞凋亡途径的药物，以期通过干扰这一途径来达到更好的治疗效果。此外，了解 PEDV 如何逃避宿主的免疫应答和细胞凋亡机制，也可以为改进现有疫苗或开发新型疫苗提供新的思路。例如，可以通过改造疫苗以提高其诱导特异性免疫应答的能力，或者开发能够直接针对 PEDV 抑制细胞凋亡机制的疫苗，从而更有效地控制该病毒的传播和流行。

五、猪流行性腹泻病毒感染机制

猪流行性腹泻病毒感染机制主要是 PEDV 经口、鼻进入猪只消化道后，侵入机体小肠上皮细胞，在细胞浆中进行复制，致使细胞损伤和功能障碍，进而引起腹泻。PEDV 感染的发生是基于基因组内多种病毒蛋白与功能元件

相互作用的结果，进而引发宿主对病毒感染的全身性及局部黏膜免疫反应。

感染宿主的机制首先是依靠丝氨酸蛋白水解，在低 pH 条件下通过内吞的作用以进入细胞；其次，PEDV 可利用病毒成分在宿主感染期间逃避先天免疫应答。病毒入侵宿主细胞后，干扰素（Interferon，IFN）在关键信号分子阻止病毒中扮演重要角色，特别是 I 型干扰素可以激活各种免疫细胞和共刺激分子清除病毒。在病毒进入细胞过程中，S 蛋白的裂解和激活依赖于 S1/S2 连接处和 S2 区融合肽附近的丝氨酸蛋白酶对 S 蛋白的水解。S 蛋白通过与 TfR1 的胞外结构域相互作用，促进 TfR1 的内化，促进病毒进入。结构蛋白 S 的 S1 亚基是识别和结合细胞受体的关键区域。冠状病毒 S1 亚基的 C 端结构域（S1 protein CTD，S1-CTD）和 N 端结构域（S1 protein NTD，S1-NTD）能与受体相互作用，腹泻病毒的 S 蛋白也具有这种与受体区域相互作用的能力。研究表明，S 蛋白通过与表皮生长因子受体（epithelial growth factorreceptor，EGFR）结合来抑制 IFN 介导的先天免疫应答。EGFR 作为一种跨膜糖蛋白，可与 S1-CTD 结合，促进病毒进入，但与 S 蛋白相互作用的 RBD 仍有待验证。

（一）PI3K/Akt/GSK3 信号通路及 BST-2 调控猪流行性腹泻病毒复制的分子机制

1. PI3K/Akt 信号通路与病毒感染

PI3K/Akt 信号通路在细胞生物学中占据着举足轻重的地位，它调控着葡萄糖转化为 ATP、蛋白质的合成，以及细胞的增殖等多个关键生命活动。当这一信号通路失活时，细胞会走向凋亡，这是细胞为了维护机体稳态而采取的一种极端但有效的手段。然而，病毒作为一种寄生生物，为了在宿主体内完成其生命周期并大量复制，必须设法延缓或阻止细胞凋亡的进程。

病毒在其复制周期内，会持续激活 PI3K/Akt 信号通路，以此作为抵抗细胞凋亡的策略。这种策略在病毒进化过程中被逐渐优化，成为病毒生存和繁衍的关键。然而，细胞也发展出了一种“反制”机制，即通过 PI3K/Akt 信号通路诱导干扰素的产生，以此来抑制病毒的复制，这可以被看作是细胞对病毒攻击的一种适应性响应。

尽管如此，目前的研究显示，众多病毒仍然依赖于 PI3K 的活性来进行复制，这表明病毒在利用 PI3K/Akt 信号通路进行增殖方面，其能力往往超过了细胞的防御机制。

PI3K，即磷脂酰肌醇 3-激酶，是磷脂激酶家族中的重要成员。根据其分布、激活的信号通路及与底物的特异性结合，PI3K 可被分为三类。在病毒与细胞相互作用的研究中，PI3K 尤为重要，它由调节亚基 p85 和催化亚基 p110 组成。

当细胞外的生长因子或细胞因子等信号分子与受体酪氨酸激酶或 G 蛋白偶联受体结合时，会激活 PI3K，进而催化 PIP2 转化为 PIP3。这一转化过程对于后续的信号传导至关重要，因为它能够激活一系列下游的蛋白激酶，其中最关键的是丝氨酸/苏氨酸蛋白激酶 Akt。

Akt 在与 PIP3 结合后，会在 PDK1 和 mTORC2 的作用下分别发生 Thr308 和 Ser473 位点的磷酸化，从而被激活。此外，在 DNA 损伤反应中，Ser473 位点还可以被 DNA-PK 磷酸化。磷酸化后的 Akt 能够激活下游的多个信号分子，如 TSC2、GSK3、BAD 和 FOXO 等，从而调控细胞的转运、生长和存活等生物学过程。

PTEN 和 SHIP 能够通过使 PIP3 去磷酸化来抑制 PI3K 信号通路的过度激活，而 Akt 的去磷酸化则是由 PP2A 和 PHLPP 等磷酸酶来完成的。这些负反馈调节机制共同维持着 PI3K/Akt 信号通路的稳态，确保细胞在应对病毒感染等外界刺激时能够做出恰当的响应。

2. 天然免疫因子 BST-2 与病毒感染

天然免疫反应在抵御病原微生物，特别是病毒感染的初期阶段，扮演着举足轻重的角色。这种反应构成了我们体内对抗外界病原体的首道防线。在这一复杂的防御机制中，干扰素的作用尤为关键。干扰素能在病毒侵入和繁殖的过程中，发挥显著的病毒抑制作用。

目前，Ⅰ型干扰素（IFN）诱导的几种天然免疫限制性因子备受关注，它们分别是：APOBEC3G、TRIM5u 及 BST-2。这些因子与其他由干扰素诱导的蛋白质一样，均具备在病毒复制周期的不同环节阻断病毒活动的能力。

APOBEC3G 是一种胞嘧啶脱氨酶，它的抗病毒机制非常独特。它能有效地抑制病毒基因的反转录步骤，并且在病毒基因组进行复制时诱导鸟嘌呤（G）突变为腺嘌呤（A），这种突变对病毒的生存和繁殖能力构成严重威胁。

TRIM5u 则通过与病毒衣壳蛋白的紧密结合，阻止病毒完成脱衣壳过程，从而中断其感染周期，达到抑制病毒活动的目的。

BST-2 的作用机制又有所不同，它主要是通过在病毒试图从已被感染的细胞中出芽释放时进行干扰，进而遏制病毒的复制和传播。

这些天然免疫限制性因子如同人体内的“小哨兵”，在病毒感染的各个关键环节进行严密的监控和防御，确保我们的机体能够在病毒入侵时做出迅速而有效的应对。

（二）PEDV 感染调控 Vero 细胞 PI3K/Akt/GSK3 信号通路

在病毒与宿主细胞的复杂互动中，病毒因其基因组的“缺陷”而必须依赖宿主细胞的生物合成机制来复制和增殖。这一特性迫使病毒发展出精细的调控策略，以改变宿主细胞内环境，从而有利于其自身的复制与增殖。然而，作为外来入侵者，病毒也会触发宿主细胞的应激反应，包括激活抗病毒因子和促进细胞凋亡来抵抗病毒感染。

PI3K/Akt 信号通路，在细胞生物学中占据核心地位，不仅调控细胞的正常生长周期，还深刻影响多种病毒的复制增殖过程。有趣的是，这一通路的作用具有双重性：它既能促进病毒增殖，也能抑制病毒复制，具体效果取决于其下游活化的信号分子。

以 PEDVJS-2013 病毒感染 Vero 细胞为例，研究发现，在病毒感染的早期（5～15 min）和晚期（4 h 后），Akt 会被激活。这种激活并非偶然，而是病毒生存策略的一部分。早期激活有助于病毒吸附和入侵细胞，而晚期激活则可能抑制细胞凋亡，为病毒在细胞内的增殖创造有利条件。值得注意的是，当使用紫外灭活病毒处理细胞时，也观察到了早期 Akt 的激活，这进一步支持了病毒结构蛋白在这一过程中的关键作用。

Akt 的激活有两种途径：PI3K 依赖型和非依赖型。研究发现，通过使用 PI3K 特异性抑制剂 LY294002，研究发现，Akt 的磷酸化水平出现相应降低，这表明在 PEDV 感染 Vero 细胞过程中，Akt 的激活依赖于 PI3K 的活性。

关于 PI3K/Akt 信号通路对病毒复制的调控，其效果是复杂的。下游的 mTOR 和 Bad 的活化可以抑制细胞凋亡，从而有利于病毒复制。然而，Akt 也能激活 p53 信号分子来抑制某些病毒的复制，或者通过调节 GSK3 的活性来促进细胞凋亡和先天免疫反应，进而抑制病毒复制。

特别是 GSK3，这个分子除了维持细胞内糖代谢的功能外，还是细胞抗病毒防御的重要组成部分。多种信号分子，如 Akt、T 细胞受体、IL-17 受体和生长因子等，都能激活 GSK3。在先天免疫反应中，GSK3 的失活可以改变抗炎和促炎因子的平衡，从而增强细胞的抗病毒能力。此外，GSK3 还能激活锌指抗病毒蛋白等下游信号分子，直接抑制多种病毒的增殖。

PI3K/Akt 信号通路在病毒感染的早期和晚期被两次激活，且其激活依赖于 PI3K 的活性。进一步的研究表明，该通路通过调控下游的 GSK3 磷酸化来抑制 PEDV 的增殖，而与 mTOR、Bad 或 p53 等其他下游信号分子无关。这些发现不仅增进了我们对病毒与宿主细胞相互作用的理解，也为未来抗病毒药物的开发提供了新的思路。

（三）BST-2 抑制 PEDV 在 Vero 细胞内的复制与增殖

在漫长的生物进化历程中，病毒与宿主细胞之间展开了一场激烈的生存之战。病毒，这些微小的寄生生物，一旦侵入细胞，便会巧妙地利用细胞内的能量和营养物质进行自身的复制和增殖。然而，细胞并非毫无还手之力，它们会启动多种防御策略和途径来遏制病毒的肆虐。正是在这样的攻防战中，病毒与宿主细胞不断进化，相互适应。

BST-2 蛋白，便是细胞在进化过程中获得的一种重要抗病毒武器。有趣的是，在不同物种中，BST-2 蛋白呈现出多样化的特点，以应对各种各样的病毒威胁。例如，在羊体内，BST-2 基因有着两种独特的表达形式：BST-2A 和 BST-2B。这两种蛋白虽然在同一器官的不同细胞中表达，但它们的抗病毒效果却有所不同。研究发现，BST-2A 在抑制囊膜病毒增殖方面表现出更强的能力。

与此同时，人类的 BST-2 蛋白则展示出了更为复杂的抗病毒机制。它不仅能够通过物理方式束缚囊膜病毒，阻止其释放，更能激活 NF-κB 信号通路，进一步遏制病毒的复制活动。然而，病毒也并非束手无策。为了逃避 BST-2 的限制，它们同样进化出了多种应对策略。部分病毒蛋白具备与 BST-2 直接结合的能力，能够遮蔽其活性位点或促使机体对 BST-2 蛋白进行降解；而其他一些病毒则能够绕过 BST-2 对病毒在细胞间传播的抑制效应，甚至通过抑制干扰素的活性来减弱 BST-2 及其他干扰素刺激基因的表达。

尽管人类及灵长类动物的 BST-2 基因序列研究已达到相当深入的程度，然而对于猪的 BST-2 基因全序列的研究尚未深入。为了弥补这一研究缺口，本研究采用 RACE-PCR 技术，成功地克隆了猪 BST-2 的完整基因序列。

这一重要突破为后续研究猪 BST-2 的功能奠定了坚实基础。进一步的分析显示，猪 BST-2 蛋白含有 177 个氨基酸，相对分子质量约为 19.92 ku，理论等电点为 8.97。通过表达 BST-2 胞外区蛋白并免疫小鼠，我们成功制备出了一株能够高效识别 BST-2 蛋白的单克隆抗体。

BST-2 作为一种干扰素诱导表达蛋白，其表达不仅限于特定器官，而是在多种组织中广泛存在。利用半定量 PCR 技术，研究者们发现猪 BST-2 蛋白在全身各组织中均有表达，特别是在免疫相关组织和器官（包括淋巴结、胸腺、扁桃体、脾脏）及大肠、小肠、肺脏中表达量较高。这一结果暗示 BST-2 蛋白可能在天然免疫反应中扮演关键角色。

为了进一步探究 BST-2 基因的表达及其调控机制，研究者对猪 BST-2 基因的启动子区域进行了深入分析。通过基因步移技术，成功克隆了长度为 1 950 bp 的启动子序列。随后的荧光素酶活性检测揭示了启动子的核心区域位于基因序列上游的第 243 位碱基以内。该核心区域包含 TATA 盒序列以及多个转录因子 STAT3、IRF1 和 ISGF3 的结合位点，这表明 BST-2 基因能够响应干扰素的诱导，并在病毒感染后通过干扰素的激活而上调其表达。

BST-2 蛋白以其现主的抗病毒能力而广受关注。它能够有效抑制多种具有囊膜的病毒粒子的释放，包括人免疫缺陷病毒（HIV）、猴免疫缺陷病毒（SIV）、Lassa 病毒、Marburg 病毒、埃博拉病毒以及乙型肝炎病毒等。通过使病毒粒子黏附在细胞膜上，BST-2 蛋白成功阻止了新生病毒粒子感染邻近细胞，从而抑制了病毒的扩散。此外，BST-2 蛋白还能作为模式识别受体在病毒粒子组装时激活 NF-κB，进而抑制病毒的复制活动。

为了探究猪和猴源 BST-2 蛋白对 PEDV 复制与增殖的抑制作用，我们进行了一系列实验。结果显示过表达猪和猴 BST-2 蛋白的 Vero 细胞内 PEDV 的增殖受到显著抑制，其中猴 BST-2 蛋白的抑制效果更为显著。为了进一步验证这一发现，合成了猴 BST-2 基因的干扰序列以干扰 BST-2 蛋白的表达。实验结果显示，在抑制了 BST-2 蛋白的表达后，PEDV 的增殖明显增加。这些令人振奋的结果表明 BST-2 蛋白能够有效抑制 PEDV 在 Vero 细胞中的复制与增殖。

BST-2 作为一种Ⅱ型跨膜蛋白是一种宿主限制因子，其结构特点赋予了它独特的抗病毒功能。通过电子显微镜的分析，可以清晰观察到 BST-2 蛋白具有将病毒颗粒结合在一起并与细胞膜紧密结合的能力。这种抗病毒效应归因于 BST-2 蛋白独特的拓扑结构。为了深入研究 BST-2 蛋白抑制 PEDV 复制的机制，有研究依据 BST-2 蛋白空间结构的四个区域，分别构建了真核表达载体，并将其转染至 Vero 细胞中。实验结果表明，转染同时含有两个跨膜结构域和胞外区三个部分的质粒，能够显著抑制 PEDV 的复制，其抑制效果与转染全长 BST-2 基因相当。这一发现进一步证实了 BST-2 蛋白的特殊结构对其抗病毒功能的重要性。

第六节　PEDV 与 microRNA

PEDV（猪流行性腹泻病毒）作为α冠状病毒属的一员，是引起猪流行性腹泻（PED）的病原，其病毒颗粒拥有囊膜包裹和“皇冠样”刺突蛋白结构，基因组为正链 RNA。自 1971 年首次在英国报道以来，PEDV 已在全球范围内传播，其毒株多样，包括经典与变异类型，对养猪业构成重大威胁，尤其哺乳仔猪感染后，症状严重且死亡率极高。该病毒主要通过粪—口途径传播，防控策略聚焦于严格的卫生管理、生物安全措施及针对性疫苗的使用。

MicroRNA（miRNA），作为非编码的微小 RNA，仅包含约 20～24 nt，却在细胞内编织着复杂的调控网络。这些微小的“调控者”精准地锁定并绑定至目标 miRNA 的 3′UTR 上，抑制其翻译过程，从而在基因表达的精细调控、细胞生命周期的严格把控以及生物体发育进程的精心编排中扮演核心角色。

miRNA 的生成之路错综复杂，通过对靶基因的调控，最终构建出一个

庞大的靶基因网络，这一网络不仅揭示了高等真核生物基因组的深邃复杂性，也揭示了基因表达调控背后那层神秘的面纱。更令人瞩目的是，miRNA因其独特的调控机制和广泛的生物学效应，正逐渐成为疾病诊断中的标志物，以及精准医疗中极具潜力的治疗靶点，为生物医学领域的研究与实践开辟了一条充满希望的新航道。

一、miRNA 概述

MicroRNA（miRNA）是一种小的内源性 RNA，可在转录后调节基因表达。miRNA 在过敏方面的研究正在不断扩大，因为 miRNA 作为基因表达的关键调节因素，在生物标志物的开发中展现出巨大潜力。目前，正处于临床前研究阶段的miRNA模拟物和miRNA抑制剂已经展现出作为创新治疗药物的潜力。为了 miRNA 的分离、定量、分析以及靶点检测，已经开发出多种技术平台，这些平台能够实现体外和体内对 miRNA 水平的调节。

微小 RNA(miRNA)是一类长度介于 19 至 25 个核苷酸之间的短链 RNA 分子，它们能够调控靶基因的转录后沉默。单一 miRNA 分子能够靶向并影响数百个信使 RNA（mRNA）的表达，进而影响众多参与功能相互作用途径的基因。miRNA 已被证实与多种过敏性疾病的发生机制相关，包括哮喘、嗜酸性食管炎、过敏性鼻炎和湿疹。

miRNA 的分离可以从细胞、组织及体液（如血清、血浆、眼泪或尿液）中进行。早期研究中，miRNA 的提取通常采用传统的苯酚-氯仿方法，随后进行 RNA 沉淀。Trizol 是一种广泛使用的提取试剂，但该方法常伴随高浓度污染物的出现。此外，研究发现，在从少量细胞中提取时，由于低 GC 含量的 miRNA 沉淀效率较低，这些 miRNA 会经历选择性丢失。为避免这些问题，基于柱的 RNA 吸附方法已被开发用于 miRNA 的分离。最初的方法涉及将苯酚氯仿提取的水相加载至 RNA 吸附柱上，随后进行洗涤和洗脱 miRNA。mirVana 和 miRNEasy 试剂盒是该方法中广泛使用的两种试剂盒。较新的市售试剂盒（例如 Direct-zol 试剂盒）省略了相分离步骤，允许将含有 miRNA 的苯酚试剂直接加载至 RNA 吸附柱上，然后进行洗涤和洗脱 miRNA。在操作过程中，应避免柱子过载，因为过量的样品会导致 RNA 产量和质量显著下降。大多数专为 miRNA 分离设计的商业试剂盒提供了用于分离含有 miRNA 的总 RNA 的方案以及用于分离小 RNA 部分的替代方案。Qiagen RNEasy 总 RNA 分离试剂盒中的洗涤缓冲液 RW1 在洗涤步骤中会洗掉所有小核酸，因此该试剂盒不适用于 miRNA 的分离。然而，如果样品已经在 Qiagen RNEasy 试剂盒中包含的裂解缓冲液 RLT 中裂解，则可以使用修改后的方案重新捕获 miRNA。从体液中分离 miRNA 较为困难，因为体液中的 miRNA 产量远低于细胞或组织。通常需要大量的体液样本，这超出了某些市售试剂盒的处理能力。miRNEasy 血清/血浆试剂盒和 miRCURY RNA 分离试剂盒-Biofluids 的最大流体样本输入量均为 200 μL。mirVana PARIS 试剂盒设计用于从多达 625 μL 的液体样品中分离 RNA。对于更大的样品输入量，可以使用 QIAmp 循环核酸试剂盒，从最多 3 mL 的起始样品中分离 miRNA。应注意使用专为 miRNA 设计的方案，并使用不含载体 RNA 的裂解缓冲液。

miRNA 表达的检测可以在组织样本以及无细胞生物液体（如血清或血

浆）中进行。目前用于检测 miRNA 的方法包括定量 PCR（qPCR）、原位杂交、微阵列和 RNA 测序。由于 miRNA 长度通常只有 21 到 23 个碱基对，而传统 PCR 引物长度约为 20 个碱基对，因此设计 PCR 引物在技术上具有挑战性。解决方案是在逆转录步骤中使用 miRNA 特异性茎环引物进行转录，或通过向 miRNA 添加 3′poly A 尾后使用 Poly T 进行通用逆转录来延长 miRNA 的长度。引物的 3′末端附加有用于逆转录的通用序列。随后使用对每个特定的正向引物/探针进行 qPCR。miRNA 和反向引物与茎环或 Poly T 引物的通用序列互补。还可以将通用适配器添加到 5′端，以允许在 qPCR 之前进行可选的通用预扩增，以检测非常低丰度的目标。与通用逆转录相比，基于茎环引物的方法具有更高的特异性，但逆转录步骤一次仅限于一个 miRNA。多重茎环引物库可克服这一限制。尽管通过 PCR 区分仅相差 1～2 个核苷酸的 miRNA 仍然是一个挑战，但通常会产生比具有单核苷酸差异的模板高 10～100 倍的扩增信号。基于微阵列的方法包括基于多重 qPCR 的阵列和基于杂交的阵列。qPCR 微阵列使用分布在 96 或 384 孔板中的预镀 PCR 引物/探针。对于少量的输入材料，可以使用需要低至 1 ng 总 RNA 的微流体卡，并且可以使用微流体系统来进行单细胞 miRNA 分析。由于特异性有限，基于杂交的阵列的结果通常使用第二种方法（例如 qPCR 或原位杂交）进行验证。原位杂交的优点是可以确定感兴趣的 miRNA 的组织来源以及不同组织区室的相对表达水平。锁核酸探针经常用于增加结合亲和力和错配辨别力。使用高通量测序，可以构建小 RNA 测序文库并进行测序，以定量鉴定特定样品中的所有小 RNA 种类，并能够发现新的 miRNA 和其他小非编码 RNA。起始材料为 10～50 ng 小 RNA，文库构建需要 50 ng 小 RNA。

miRNA 靶标检测。MicroRNA 通过靶向 mRNA 的 3′ 非翻译区来介导靶基因的转录后基因沉默，其中 miRNA 5′ 端 2～7 个核苷酸中的种子区域是关键序列。从瞬时双链 miRNA 双链体中，引导链（成熟 miRNA 链）被掺入 RNA 诱导的沉默复合物中以介导基因沉默，并且与引导链互补的链被降解。基于靶标预测方法利用了多种因素，包括与 miRNA 种子区域的互补性、进化保守性、miRNA/mRNA 的积极有利杂交等。可通过网络界面使用多种算法，包括 Targetscan.organd microRNA.org，其中生成大量预测目标，其中许多被认为是假目标。通过将目标基因的 3′ UTR 克隆到报告载体的 3′ UTR 区域，然后进行共转染，可以验证计算机预测目标靶向 miRNA 并证明报告基因活性被抑制。通过突变目标 3′ UTR 结合 miRNA 种子区的区域来证明特异性，并证明种子区突变后靶向作用不再存在。另一种方法是将 miRNA 模拟物或 miRNA 拮抗剂瞬时转染到细胞中，然后进行全转录组测序以鉴定直接和间接靶标。miRNA 模拟物是模仿内源 miRNA 双链体的双链 RNA 分子。miRNA 模拟物的转染应谨慎使用。据报道，低浓度的 miRNA 模拟物转染不能抑制靶基因的表达，而高浓度的 miRNA 模拟物转染会导致基因表达的非特异性变化。这可能是由于转染的引导链失败所致。miRNA 模拟掺入 RNA 诱导的沉默复合物和高分子量 RNA 物质的积累。过客链而不是引导链的显着掺入是差异的另一个来源。使用质粒转染或慢病毒转导似乎可以避免这些问题，因为这些方法中 miRNA 的生物发生可能使用与内源 miRNA 相同的细胞加工途径。miRNA 抑制剂的问题较少，因为 miRNA 抑制剂不需要进行细胞加工。miRNA 抑制剂中加入了化学修饰，以提高其稳定性并防止其被内源性核酸酶降解。据报道，密切相关的 miRNA 家族成员之间存在 miRNA

抑制剂交叉反应性，其中具有密切相关序列的所有家族成员均被特定的miRNA 抑制剂抑制。CRISPR/Cas9 技术的最新发展使得能够在体外靶向编码感兴趣的 miRNA 的基因组位点。然后可以进行全转录组测序来识别感兴趣的 miRNA 的直接和间接靶标。该方法的优点包括识别感兴趣细胞中的靶标、识别直接和间接靶标及靶向效果的稳定性。一些成熟的 miRNA 是由多个单独的基因座产生的。这些 miRNA 对使用 CRISPR/Cas9 技术进行基因删除提出了挑战，因为必须同时针对多个基因座。miRNA 与 mRNA 的结合需要一种称为 RNA 诱导沉默复合物的蛋白质复合物，该复合物的核心含有引导 Argonaute（AGO）蛋白靶向 mRNA 的 miRNA。另一种识别整体miRNA/mRNA 相互作用的方法是交联 RNA/蛋白质复合物，然后对 RNA 诱导的基因沉默复合物进行免疫沉淀。然后蛋白质被蛋白酶 K 消化，并对剩余的 RNA 进行测序以鉴定 miRNA/靶标相互作用。

miRNA 体内外的表达。转染效率和转染的瞬时性质限制了利用 miRNA 模拟物或 miRNA 拮抗剂的瞬时转染在体外调节 miRNA 水平。利用编码 miRNA 模拟物或 miRNA 拮抗剂的慢病毒载体，能够在体外形成稳定的克隆。CRISPR/Cas9 技术则无须借助慢病毒载体即可实现对 miRNA 的稳定靶向。然而，克隆选择过程极为烦琐，且针对多个基因位点生成 miRNA 依旧颇具挑战。在实验中，已成功实现对小鼠多个个体 miRNA 的组成型或条件性敲除，这为在特定动物疾病模型或组织中研究 miRNA 的功能提供了可能。调节体内 miRNA 水平的另一途径是采用胆固醇缀合的抗 miRNA，该方法通过基于体重的方案经静脉输注，且抗 miRNA 能被除大脑外的所有组织有效吸收。体内敲低 miRNA 的稳定性可长达 21 d。此外，体内递送 miRNA 的其他技术包括脂质体介导的递送和基于聚合物的纳米颗粒递送载体。鼻内局部递送 miRNA 模拟物或抑制剂所需的剂量远低于全身递送，这为过敏性疾病的研究所用或治疗提供了潜在的可能性。

二、miRNA 与 PEDV 病毒

当前研究中，有研究用 PK-15、猪小肠上皮细胞和 Vero 细胞中研究 miRNA 调控 PEDV 复制的研究。细胞感染 PEDV，发现猪流行性腹泻病毒（PEDV）感染宿主细胞（如 SIEC、猪肾细胞 PK-15 和 Vero）时，会触发一系列复杂的生物学反应，其中 miRNA 表达谱的显著变化尤为引人注目。这些变化不仅体现在 miRNA 种类的多样性上，还表现在其表达水平的剧烈波动上。

进一步的研究指出，miRNA 对 PEDV 的增殖具有直接的影响。例如，ssc-let-7f 这一特定的 miRNA 在体外实验中展现出对 PEDV 增殖的显著抑制作用，这提示 miRNA 在宿主抗病毒免疫中扮演着关键角色。它们可能通过直接或间接的方式，干扰病毒的复制周期，从而限制病毒的扩散和致病能力。

此外，miRNA 还广泛参与宿主免疫应答的调控。它们通过精细地调节靶基因的表达，影响免疫细胞的活化状态、细胞因子的释放以及免疫通路的激活，进而在 PED 的病程和严重程度中发挥重要作用。这种调控作用不仅限于病毒感染的初期，还可能贯穿于整个疾病过程，对宿主的免疫防御和恢复产生深远影响。

鉴于 miRNA 在病毒感染和宿主免疫应答中的关键作用，它们被视为具

有巨大潜力的治疗靶点。通过精确调控特定 miRNA 的表达水平，科学家们有望开发出新的抗病毒策略，以抑制病毒的复制、增强宿主的抗病毒免疫能力或缓解疾病症状。这不仅为 PED 的防治提供了新的思路和方法，也为其他病毒感染性疾病的治疗开辟了新的途径。

miRNA 与 PEDV 病毒的分析可以从多个维度进行，包括 miRNA 表达谱的变化、miRNA 对病毒增殖的影响、miRNA 与宿主免疫应答的关系，以及 miRNA 作为治疗靶点的潜力。miRNA 与 PEDV 病毒之间存在着复杂的相互作用关系。miRNA 表达谱的变化反映了宿主细胞对病毒感染的响应；miRNA 对病毒增殖的调控作用则揭示了其在抗病毒免疫中的潜在价值；而 miRNA 与宿主免疫应答的紧密联系则为理解 PED 的发病机制提供了新的视角。未来，随着对 miRNA 与 PEDV 相互作用关系的深入研究，有望开发出更加有效的抗病毒策略来应对这一重要的猪病。

（一）miRNA 表达谱的变化

当 PEDV 感染不同类型的宿主细胞，如 Vero E6 细胞、猪小肠上皮细胞（SIEC）及猪睾丸细胞（ST）时，细胞内 miRNA 的表达谱会经历显著的改变。这种变化是复杂且多样的，涉及多个 miRNA 的上调和下调表达。具体而言，在 VeroE6 细胞中，不同 PEDV 毒株（如 CV777 和 LNct2）的感染引发了各自独特的 miRNA 表达变化，其中 CV777 感染组筛选出 23 个差异表达的 miRNA，而 LNct2 感染组则筛选出 70 个，两者共有 10 个共同的差异表达 miRNA，这反映了不同毒株对宿主细胞 miRNA 调控的特异性。

进一步地，在猪小肠上皮细胞（SIEC）的研究中，疫苗毒株 CV777 和

ORF3 缺失的强毒株 NW17 的感染均导致了大量 miRNA 的差异表达。通过鉴定，共发现了 229 个 miRNA 成熟体和 232 个前体中的显著差异，其中 CV777 与 Mock 对照组相比有 102 个差异 miRNA，NW17 与 Mock 对照组相比有 97 个差异 miRNA，且两者之间有 78 个 miRNA 同时出现差异，这表明不同毒力毒株对肠道上皮细胞 miRNA 调控的共性和差异。

此外，在猪睾丸细胞（ST）的研究中，通过对 PEDV 变异毒株及其传代致弱毒株的 smallRNA 测序分析，发现 PEDV 能够显著影响 miR-155-5P 和 miR-128 在 ST 细胞中的表达水平。这一发现不仅揭示了 PEDV 感染对睾丸细胞 miRNA 表达谱的影响，也提示了这些 miRNA 可能在 PEDV 感染相关的生殖系统疾病中扮演重要角色。

（二）miRNA 对病毒增殖的影响

在 PEDV 感染的研究中，miRNA 展现出了对病毒增殖的双重调控作用。一方面，某些 miRNA 被证实具有直接抑制 PEDV 增殖的能力。尽管具体的 ssc-let-7f 在 PEDV 感染 PK-15 细胞中的直接抑制作用未在直接参考文章中明确提及，但基于以往类似研究的推理，可以合理推测存在类似的机制。更重要的是，已有确凿证据表明，miR-486-5p、miR-339-5p 和 miR-1271-5p 等 miRNA 在 VeroE6 细胞中能够显著抑制 PEDV 的复制，这些发现强调了 miRNA 在抗病毒防御中的积极作用。另一方面，值得注意的是，并非所有 miRNA 都对 PEDV 的增殖产生抑制作用。相反，某些 miRNA 如 miR-33a 被报道能够促进 PEDV 的复制。这种双重调控作用揭示了 miRNA 在病毒感染过程中的复杂性，它们可能通过不同的机制影响病毒的复制周期，包括与病

毒基因组的相互作用、调控宿主细胞的抗病毒反应等。

（三）miRNA 与宿主免疫应答

miRNA 在 PEDV 感染过程中不仅调控着复杂的免疫通路，还深刻影响着宿主细胞的生理状态，特别是肠道上皮的屏障功能。通过精准地调控靶基因的表达，miRNA 能够调节免疫细胞的活化状态，促进或抑制细胞因子的产生，以及激活或抑制特定的免疫通路。在 PEDV 感染的背景下，差异表达的 miRNA 主要富集于与细胞内信号转导、细胞代谢及细胞凋亡等密切相关的通路上，这些通路共同构成了宿主免疫反应的重要基础。

此外，特定 miRNA 如 miRNA-328-3p 还展现出了对肠道上皮紧密连接蛋白表达的调控作用。紧密连接是维持肠道上皮屏障完整性的关键结构，其功能的受损往往与肠道疾病的发生发展密切相关。miRNA-328-3p 通过调控紧密连接蛋白的表达，可能参与了 PEDV 感染导致的肠道损伤过程，为理解 PEDV 的致病机制提供了新的视角。

（四）miRNA 作为治疗靶点的潜力

鉴于 miRNA 在病毒感染过程中的关键调控作用及其对宿主免疫应答的深远影响，这些微小分子已成为抗病毒策略中极具潜力的治疗靶点。通过精准地调节特定 miRNA 的表达水平，科学家们有望开发出新的治疗方法，以有效抑制病毒的复制并显著增强宿主的抗病毒免疫能力。这种策略不仅针对 PEDV 等特定病毒，还可能具有更广泛的适用性，为多种病毒感染的治疗提供新的思路。在实际应用中，已经有一些研究成果展示了这种策略的有效性。例如，研究发现 Abl2 特异性抑制剂（如 imatinb、GNF2、GNF5）能够显著抑制 PEDV 的复制，并展现出对猪肠道冠状病毒的广谱性抑制作用。这些抑制剂的作用机制可能涉及调控与病毒复制紧密相关的 miRNA 或其靶基因的表达，从而阻断病毒的复制周期，达到抗病毒的效果。这些发现不仅为 PEDV 感染的治疗提供了新的候选药物，也为未来基于 miRNA 调控的抗病毒策略的开发奠定了坚实的基础。

关于目标靶点 miRNA，研究者可以从三个角度去寻找线索。首先多选取几个 miRNA 进行预实验，从差异 miRNA 的差异程度，比如，空白组和试验组相比 miRNA 差异大，但是，miRNA 基数不能太小，比如基数是 5，差异变化到了 75，这种差异虽然十几倍，但是我们敲低或者高表达后也不能模拟生理条件下的上调或者下调；其次，从通路注释去寻找线索，病毒或者我们研究的生理状态密切相关的通路上有哪些差异显著的 miRNA，从这些 miRNA 中选几个去尝试，观察细胞表型；最后，从结合功能注释，因为通常一个 miRNA 可以调控很多个 mRNA，这些 mRNA 又可以翻译成不同的蛋白，执行不同的功能，所以一个 miRNA 都影响哪些功能的蛋白就代表了它的功能，这也是很重要的线索，比如有些 miRNA 既影响 NF-κB 通路的基因，又影响 MAPK 通路的基因，但是在前者影响的基因只有 1 个，在后者影响的基因有 10 个，那么它的功能就侧重于 MAPK 通路。在研究 miRNA 功能时，常用到很多靶基因预测的网站，miRNA 与靶基因结合的分数也是考虑的重要因素，因为 miRNA 与 mRNA 3′UTR 结合时，互补碱基的数量会决定 mRNA 被降解的程度，所以，选择目标 miRNA 时，要综合考虑各种因素的影响，计算预测 miRNA 功能总有不准确的因素，最后把 miRNA 在试验中验

证才是更准确的办法，在这个过程中计算预测起到了重要的辅助作用。

在探究 miR-221-5p 的功能时，研究者首先利用 ViTa 工具预测了可能靶向病毒基因保守区域的 miRNAs。分析结果显示，miR-221-5p 的靶向位点位于 PEDV 毒株的 3′UTR 区域，该区域在所有 PEDV 毒株中均表现出高度保守性。高通量测序数据进一步揭示了 PEDV 感染可上调 miR-221-5p 的表达水平。随后，研究者对 miR-221-5p 抑制 PEDV 复制的机制进行了深入研究。通过合成 miR-221-5p 模拟物和抑制剂，并在 SIEC、Vero 和 MARC-145 细胞中进行检测，发现 miR-221-5p 在这些细胞系中均能抑制 PEDV 的复制，尤其在 MARC-145 细胞中抑制效果更为显著。研究者推测，miR-221-5p 可能同时抑制了干扰素系统，从而影响干扰素的表达。在 KEGG 通路预测中，miR-221-5p 也被发现影响 NF-κB 通路相关基因的表达。基于这些发现，研究者推断 miR-221-5p 可能通过发挥双重作用来抑制 PEDV 的复制和增殖。

在将不同浓度的模拟物转染至 MARC-145 细胞后，观察到猪流行性腹泻病毒（PEDV）在这些细胞中的复制量呈现出与剂量相关的下降趋势；当模拟物 miR-221-5p 被转染至小肠上皮细胞（SIEC）时，PEDV 在细胞内的复制量减少了 80%，而当使用 miR-221-5p 的抑制剂进行转染后，PEDV 的复制量则增加了超过一倍。在 Vero 细胞中转染 miR-221-5p 模拟物后，PEDV 的复制量减少了约 90%，但使用 miR-221-5p 抑制剂后，PEDV 的复制量上升至 2.1 倍。这些结果表明，miR-221-5p 能够在不同类型的细胞中抑制 PEDV 的复制。

靶基因的检测一般使用双荧光素酶报告系统，即用荧光素酶（Firefly Luciferase，F-Luc）和海肾荧光素酶（Renilla Luciferase，R-Luc）连接到一个或两个质粒上来监测基因的活性。这项技术为基因表达调控研究提供了一种高效、可靠的方法。这种研究基因表达活性的质粒，如果把目的基因连接到 5′UTR 区域就可以研究启动子的活性。

F-Luc 通常用来评估 miRNA 的降解活性，即将 F-Luc 的 3′UTR 区域连接 miRNA 靶向的目的片段，如果目标 miRNA 可以和目的片段结合则降解 F-Luc 的 mRNA，则 F-Luc 的 3′UTR 区域被装载到基因沉默复合物中降解掉，则荧光素酶的表达减少，加入荧光素底物后发光会减少，反之亦然。而 R-Luc 则作为内部控制起到校正的作用，如细胞数量和转染效率等。通过比较两种酶的相对活性，可以观察到关于基因表达调控的信息，

构建载体需要注意的是将 miRNA 预测调控 mRNA 的 3′UTR 区域序列克隆到 F-Luc 报告基因的 3′UTR 区域，本实验中我们将 NFKBIA、SOCS1 和 PEDV 的与 miR-221-5p 互补的 3′UTR 区域克隆到质粒的 3′UTR 区域。这一步骤要求确保目标序列正确无误地插入到报告基因下游的特定位点。

选用的内参基因与 F-Luc 报告基因在同一个质粒上，优点在于转染时只需要转染一个质粒，有些内参单独一个质粒，转染时要调节内参质粒和试验质粒的浓度比，内参基因用来评估转染效率和细胞内表达水平的差异。

将构建好的质粒转染到 293T 细胞或者其他细胞，在进行转染之前，将 2 细胞培养 24 h，细胞密度不要太大。使用适当的转染试剂（如 Lipofectamine 2000）将构建好的载体转染到宿主细胞中。这里最好检测下转染效率。转染质粒 24 h 后转染 miRNA，经过 24 h 的孵育，进行下一步试验。最后将细胞裂解，收集细胞：在转染后 24～48 h，收集细胞并进行裂解，以释放细胞内的报告质粒表达的酶。裂解可以通过添加试剂盒的裂解缓冲液，裂解 30 min 并轻微震荡细胞培养板来实现。裂解物的清理：通过离心去除细胞残留物，收集清澈的裂解液，以备荧光检测之用。

荧光检测，准备反应混合物：根据荧光素酶的种类准备相应的底物。对于同一个质粒的报告基因检测，先加内参基因底物进行内参基因的发光值测定，再加荧光素酶底物测定荧光素酶活性的发光值。最后可以用两者的比值评估 miRNA 的作用。

经检测 miR-221-5p 靶向 NFKBIA、SOCS1 和 PEDV 这 3 个基因的 NFKBIA、SOCS1 区域，通过靶向 NFKBIA 和 SOCS1 影响天然免疫通路，通过靶向 PEDV 3′UTR 区域，降解病毒核酸序列，抑制病毒的复制，进一步检测这两个基因对天然免疫通路的影响。

第三章 猪流行性腹泻的流行病学

自 2010 年起，猪流行性腹泻（PED）在我国广泛传播，成为引发仔猪腹泻的主要疫病，对我国养猪业的健康稳定发展构成了严重威胁。深入理解其传染源、传播途径和易感动物等流行病学特征是控制疾病流行的基础。本章将探讨猪流行性腹泻的传播机制，并深入分子流行病学领域，揭示其流行的分子机制，为防控本病提供科学依据。

第一节 猪流行性腹泻的传播

一、传染源

（一）发病猪和带毒猪

发病猪和带毒猪是 PED 的主要传染源。这些感染猪只通过唾液、鼻涕、

粪便等分泌物和排泄物不断排出病毒，污染周围饲养环境、饲料、水源等，从而传播给健康猪只。特别是在疫情暴发期间，发病猪和带毒猪的病毒排放量巨大，极易导致病毒在猪群中的迅速传播。康复猪的粪便中也可能长期带毒。

（二）污染的环境与物品

被 PEDV 污染的饲养环境、运输车辆、饲养员的衣服和鞋、用具等也是重要的传染源。这些物品和场所若未经严格消毒，就可能成为病毒的传播途径。例如，饲养员在接触发病猪后，若未及时更换和消毒衣物，就可能将病毒带到其他猪舍，引发新的疫情。室温条件下，PEDV 在塑料物体表面的存活时间能够到达 35 天。

（三）引种的后备母猪

引种的后备母猪也可能成为 PED 的传染源。如果这些母猪在引入前未经过严格的检疫和隔离观察，一旦携带 PEDV，就可能导致整个猪群的感染。因此，在引种过程中应严格把关，确保引入的母猪不携带病毒。

（四）其他动物和昆虫

除了猪只外，其他动物如犬、猫、鼠等以及某些昆虫如苍蝇、蚊子等也可能成为 PEDV 的机械传播者。这些动物和昆虫在接触发病猪的分泌物或排泄物后，可能将病毒带到其他猪舍或地区，从而引发新的感染。虽然这种传播方式的概率相对较低，但仍需引起足够重视。

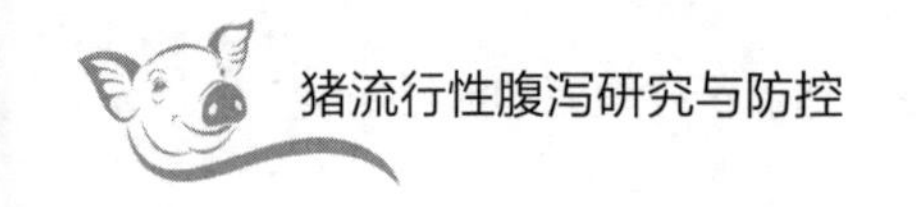

（五）人为因素

人为因素在PED的传播过程中也起着重要作用。例如，饲养管理不善、卫生条件差、消毒不彻底等都可能导致病毒的传播。此外，不规范的诊疗操作、疫苗注射等也可能成为病毒传播的途径。因此，加强饲养管理、改善卫生条件、严格消毒制度以及规范诊疗操作等是预防PED传播的重要措施。

二、传播途径

（一）直接传播

直接接触是猪流行性腹泻病毒传播的一个主要途径。病毒常常通过猪与猪之间的直接接触，如相互接触、交配、分娩等过程在养殖场内进行传播。

（二）间接传播

猪流行性腹泻病毒主要通过消化道途径传播，其中粪口途径是其主要的传播方式。此外，人为参与的运输拖车、手、鞋子和衣服、饲料、添加剂以及运送饲料或原料的包装袋都可能会携带病毒，也是该病的主要传播媒介。因此，加强养殖场的管理和卫生措施，限制非必要人员进入猪舍，对控制猪流行性腹泻的传播非常重要。

1. 空气传播

猪流行性腹泻病毒还可以通过空气传播。病毒颗粒可以以气溶胶的形式存在于空气中，且存活时间较长，感染猪只。研究表明，PEDV 气溶胶传播最远能够达到 16 km。新生仔猪对该病毒异常敏感，即使距离发病猪距离较远，PEDV 的核酸检测仍呈阳性。因此，PEDV 不仅能够感染猪群肠道，亦能够通过鼻腔上皮细胞进行感染。因此，保持猪舍内的空气流通和良好通风，降低空气中病毒的浓度，是控制猪流行性腹泻传播的重要措施之一。

2. 水源传播

水源传播乃猪流行性腹泻病毒扩散的重要途径之一。该病毒能够借助受污染的水源传播至猪群。猪只一旦饮用这些受污染的水源，病毒便侵入其体内，导致感染。因此，确保饮水设施的洁净与卫生，并定期更换水源，实为防控猪流行性腹泻病毒经由水源传播的关键预防措施。

3. 食物传播

食物亦是猪流行性腹泻病毒传播的关键途径之一。病毒可以通过受污染的饲料或食物传播给猪只。健康猪只食入了污染的饲料或检验不合格的猪肉制品等，很容易感染猪流行性腹泻病毒。因此，强化饲料及食品的卫生管理，确保其免受病毒污染，乃是预防猪流行性腹泻病毒经由食物链传播的重要措施。

三、易感动物

（一）猪

猪是 PEDV 的主要宿主和易感动物。不同品种、年龄和性别的猪均有可能感染 PEDV，哺乳仔猪、架子猪、育肥猪都是极易感染猪流行性腹泻的猪群，发病率达 100%。感染后的症状和严重程度可能因猪只的个体差异而有所不同。哺乳期的仔猪遭受的影响尤为严重，一周龄的仔猪若持续腹泻 3～4 d，往往因脱水而亡，其死亡率平均可达五成，有时甚至高达九成。年龄稍长的哺乳仔猪若持续呕吐和腹泻一周，虽可能逐渐恢复，但对猪流行性腹泻病毒依然保持较高的敏感性。因此，在 PED 的防控工作中，应特别关注哺乳仔猪的健康状况，采取必要的预防措施。笔者前期研究数据显示猪只日龄不同，PEDV 阳性检出率也不同，在 1～10 日龄发病仔猪中检出率最高，均达 67.13%。

表 3-1　不同日龄 PEDV、TGEV 和 PRV 阳性检出率

感染日龄	PEDV
1～5 日龄	37.83（14/37）
5～10 日龄	32.43（12/37）
10～断奶	16.21（6/37）
断奶后	13.51（5/37）
合计	37

（二）其他动物

虽然猪是 PEDV 的主要易感动物，但其他家畜和野生动物也有可能受到

感染。例如，有研究表明，牛、羊等反刍动物在实验室条件下可以被 PEDV 感染，但这些动物在自然条件下是否易感以及是否会成为 PEDV 的传播者尚需进一步研究。此外，一些野生动物如野猪等也可能携带 PEDV，从而成为潜在的传染源。

尽管目前尚无确凿证据表明PEDV可以跨物种传播给人类或其他非猪类动物并引起明显的疾病症状，但这种可能性仍然存在。因此，在处理感染 PEDV 的猪只时，相关人员应采取严格的防护措施，以避免潜在的跨物种传播风险。

四、季节性

本病多发生在每年的 12 月至翌年 2 月寒冷冬季，俗称冬季拉稀病，夏季偶有发生也成为当前流行性腹泻发病的特点之一。此时若栏舍潮湿、温度低，粪污多，卫生条件差，会极大地增加猪流行性腹泻的发病率。PEDV、TGEV 和 PRV 全年均被检出，其中冬季阳性检出率最高，分别达到 35.13%、36%和 39.29%，夏季发病率最低。

表 3-2　各季节仔猪 PEDV 检出率

季节	PEDV
春季	35.13（13/37）
夏季	13.51（5/37）
秋季	16.21（6/37）
冬季	35.13（13/37）
合计	37

第二节　分子流行病学

一、PEDV 基因型

猪流行性腹泻病毒（PEDV）的基因分型是基于病毒的变异性，主要体现在其基因组在临床传播过程中的不停变异进化。这种变异不仅增强了病毒的致病力，也给防控工作增加了难度。根据研究，PEDV 基因组中存在多个高突变区域，如 *NSP2*、*S*、*ORF3* 和 *N* 基因等，这些区域的变异可能导致病毒毒力、传播能力和免疫逃逸等特性的改变。例如，近年来在我国和其他一些国家暴发的 PED 疫情中，发现了一些新的 PEDV 毒株，这些毒株在 *S* 基因等区域存在明显的突变，导致病毒对猪的致病力增强，同时也增加了防控难度。此外，PEDV 的变异还可能影响现有疫苗的保护效果。由于病毒的变异，疫苗株与流行毒株之间的基因差异可能导致疫苗的保护效率降低或失效。因此，需要及时监测病毒的变异情况，研发新的疫苗以应对新的病毒株的挑战。

二、PEDV 遗传变异

基因分型依据为了更好地区分不同毒株，依据毒株出现的时间不同，将 PEDV 笼统地分为经典毒株和新变异毒株。经典毒株是 20 世纪 70 年代出现的毒株，而新变异毒株是指 2010 年以后全球流行的毒株。PEDV 的遗传进

化分型主要表现在其基因组的遗传变异和S蛋白的抗原性变化上。PEDV编码S、E、M和N4个结构蛋白，Nsp1～Nsp16共16个非结构蛋白及1个辅助蛋白ORF3。PEDV结构蛋白中，S蛋白为纤维蛋白，是PEDV最大的结构蛋白，负责结合病毒受体、介导宿主细胞的融合以及诱导机体产生中和抗体，是重要的毒力蛋白，能诱导机体产生抗体，其一级结构、二级结构以及抗原表位的改变均影响病毒与抗体和免疫细胞受体结合的过程。同时S基因具有较高的突变性，是毒株毒力的指征性基因，其变异和重组可能造成PEDV毒力的改变，产生新型毒株。因此监测*S*基因的遗传变异对防控PED具有重要意义。

（一）PEDV的基因型

根据猪流行性腹泻病毒（PEDV）的*S*基因或其N端高度变异的S1区域序列同源性分析，PEDV可被划分为两大基因型，即G1型和G2型。进一步细分，G1型包含G1a和G1b两个亚型，而G2型则包含G2a和G2b两个亚型。2014年1月，美国研究者从一份疑似PEDV感染的样本中分离出一株病毒，命名为OH851。该样本源自一头感染的母猪，其哺乳的仔猪表现出轻微症状，甚至未出现临床腹泻症状，亦无死亡现象。与美国流行株（G2a）的S基因序列对比后发现，OH851毒株的S基因存在三个缺失位点（167位缺失1个碱基，176位缺失11个碱基，416位缺失3个碱基）以及一个插入位点（474～475位有6个碱基插入）。此外，在S基因S1区的N端1 170 bp片段上，还存在若干核苷酸突变。OH851变异株S基因的碱基缺失、插入和突变极有可能是导致仔猪临床症状减轻的原因。此类新出现的毒株被命名为“S INDEL”毒株，其特征是对哺乳仔猪的致病力较低，致死率也较低，构成了 G1b 亚型；相对地，新出现的毒株被命名为“non-S INDEL”毒株。“non-S INDEL”毒株指的是具有强毒力的毒株，是导致当前全球 PED 大流行的毒株，由 G2a 和 G2b 亚型构成。通常将以 CV777 毒株为代表的经典毒株归类为 G1a 亚型。G1b（S INDEL）、G2a 和 G2b 亚型均为 2010 年以后新出现的毒株，其中 G1b 为低致病力变异毒株，而 G2a 和 G2b 属于高致病力变异毒株，特别是 G2b 为高致病力重组变异毒株。可以预见，随着 PEDV 的流行和疫苗免疫压力的增加，PEDV 分子演化将持续进行，可能会不断出现新的分支、亚型或基因型。

PEDV 可以分为 S INDEL［PEDV 变异株，包含刺突（S）蛋白的 S1 亚单元的多个缺失和插入突变，G1b］和 non-S INDEL（G2b）毒株（Lee，2015；Vlasova et al. 2014）。其中 GⅡ型进一步细分为 GⅡ-a、GⅡ-b 等多个亚群。两种基因型的进化速率，发现 G2 株的进化速度比 G1 株快。研究表明 SARS-CoV-2 谱系的持续趋同包括多种突变，这些突变可以增强宿主免疫识别过程中不同病毒谱系的持久性。此外，G2 株的高进化率与 PEDV 疫苗的使用有关，这与马雷克氏病毒株在不完善的疫苗接种制度下的适应度增强是一致的，因此，可能是当前 PEDV 疫苗效力低的潜在原因。

（二）PEDV 遗传进化史

在 20 世纪 80 至 90 年代的欧洲，猪流行性腹泻病毒（PEDV）的流行率相对较低，该病毒在猪群中持续存在，但并未广泛传播。据记录，欧洲部分国家仅出现零星的 PEDV 暴发事件，主要影响断奶期或喂食期的猪只，导致腹泻症状。血清学调查结果表明，欧洲猪群中 PEDV 的血清阳性率普遍不高。尽管 PEDV 疫苗在欧洲国家的使用并不普遍，但该病毒并未在易感猪群中引

发大规模的疫情。然而，2006 年在意大利出现了一种能够影响所有年龄段猪只（包括哺乳期仔猪）的 PEDV 毒株。到了 2014 年，德国报告了一起发生在育肥猪场的 PED 病例。随后不久，法国的分娩完成群和比利时的育肥猪中也检测到了 PEDV。德国和法国发现的 PEDV 毒株同源性高达 99.9%，在遗传进化分析中显示出密切的亲缘关系，并且与在中国、美国和韩国鉴定出的 G1b 变异株具有高度相关性，这表明 PEDV 在全球范围内的传播趋势。

2013 年 5 月，一种导致仔猪死亡率高达 100%的猪流行性腹泻病毒（PEDV）毒株在美国北美洲地区突然暴发。自那时起，该病毒在美国的养猪场迅速蔓延，给养猪业带来了巨大的经济损失。该病毒的传播速度极快，不久便影响到邻近国家。2014 年 1 月，墨西哥报告了具有高死亡率的 PEDV 毒株出现，而到了 2014 年 3 月，墨西哥也暴发了导致仔猪 100%死亡率的猪流行性腹泻疫情。对美国最初暴发的 PEDV 毒株进行的遗传和系统发育分析表明，该毒株与中国 2012 年流行的 AH2012 毒株存在密切关系，这暗示了 AH2012 毒株的传播和进化路径。有研究者认为美国新发的 PEDV 株可能是由 2 个中国株［AH2012（GenBank：KC210145）和 CH/ZMDZY/11（GenBank：KC196276）］重组进化而来。此外，韩国和日本大流行的 PEDV 毒株也跟美国 2013 年的流行毒株亲缘关系很近。

在亚洲，猪流行性腹泻（PED）最早于 1982 年发生在日本，从那以后，PED 在邻近的亚洲国家引起了严重的流行病，最严重的是在中国和韩国。在 20 世纪末，PEDV 在菲律宾、泰国和越南的报道越来越多，且危害越来越大。在泰国，自 2007 年以来出现了几次严重 PEDV 感染的暴发。泰国流行的 PEDV 分离株具有典型的流行 G2 毒株的 S 特征，与韩国和中国毒株亲缘关系密切。PED 首先在越南南部省份发现，不久之后，在越南所有的养猪地区蔓延。越南毒株也具有独特的 S INDEL 特征，可归类为 G2b 亚组。

在 20 世纪 90 年代初期，中国的猪养殖业广泛采用了 CV777 减毒活疫苗。然而，到了 2010 年，猪流行性腹泻（PED）的暴发显著削弱了 CV777 疫苗的保护效力。在这一时期，中国首次记录了属于 G1b 基因型的猪流行性腹泻病毒（PEDV）新变异株的出现，而接种了疫苗的猪群中 PED 的暴发进一步证实了 CV777 疫苗保护力的下降。随后，具有高度致病性的 PEDV 毒株在中国各地广泛流行。在 2013 年以前，PEDV 感染的发病率相对较低，日本表现零星暴发。2013 年底，大规模 PED 突然重新出现，对猪肉行业造成巨大的经济损失。2013—2014 年期间日本分离株与全球的 G2b PEDV 株亲缘关系密切，这有可能提示同一个流行毒株在全球不同地区的进化流行。目前，中国的 PED 暴发是由 G1b 变异和 G2 组毒株的流行引起的，这些毒株与原型 CV777 在遗传上存在差异。

近年来，GⅡ-b 亚群变异株在中国流行，其全基因组序列与早期经典毒株相比，具有较高的同源性，尤其是在 *S* 基因编码的 S 蛋白上存在明显的氨基酸突变，这些突变主要集中在中和抗原表位 COE 处，表明 PEDV 的变异规律逐渐趋于稳定。

PEDV 的遗传进化分析还能揭示病毒在不同地区的分布和演变情况。笔者选取 2014—2021 年陕西省严重腹泻的猪场病料，进行了 *S* 基因的克隆与序列分析研究。结果显示所测定的陕西省猪场 10 株流行毒株均属于 G2b 亚群，且在进化树中聚集在一起，亲缘关系密切，与我国其他省区流行毒株亲缘关系较近；与我国广泛使用的疫苗毒株 PEDVCV777 分属不同亚群，亲缘关系较远，该结果与国内相关研究结果基本一致。这 10 株流行毒株 S 蛋白序列，相较于经典疫苗株 PEDVCV777 与 G2b 疫苗毒株 PEDVXJDB2，氨基

酸位点均存在变异现象，在多个位点发生突变、插入或缺失。在已鉴定的 S 蛋白的中和表位区、单抗识别表位区存在较多的变异现象。二级结构预测发现，与经典毒株 CV777 相比较，多数流行毒株 S 蛋白的α螺旋、无规则卷曲占比稍有增加，β转角、延伸占比有所下降。

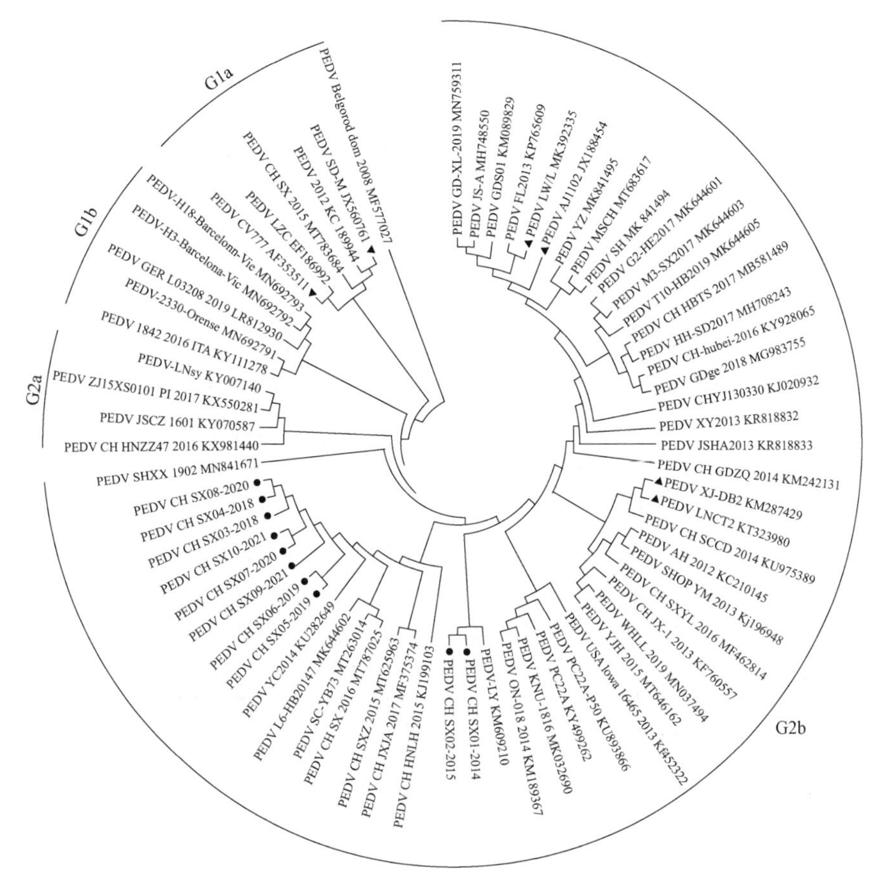

图 3-1　PEDV S 基因序列的系统进化树

序列同源性比较显示，10 株 PEDV 流行毒株 *S* 基因核苷酸序列同源性为 95.4%～98.3%，氨基酸同源性为 91.0%～98.1%，提示这 10 株流行毒株同源性较高但在蛋白水平上存在一定的差异性。10 株 PEDV 流行毒株与疫苗毒株 S 基因核苷酸序列同源性为 91.7%～98.5%，氨基酸同源性为 87.8%～98.5%，尤其是与 PEDVCV777 株核苷酸同源性在 92.1%～93.9%，氨基酸同源性在 88.7%～93.2%，差异较大；而与 G2b 亚群的疫苗毒株 PEDVAJ1102、PEDVLNCT2、PEDVLW/L、PEDVXJ-DB2 的核苷酸、氨基酸同源性均明显高于 G1a 亚群的 PEDVCV777 和 PEDVSD-M，这提示应用 G2b 亚群的疫苗毒株防控 PED 更具有针对性。

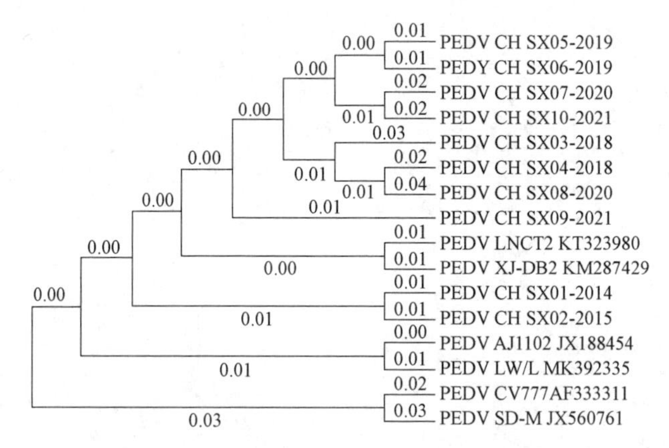

图 3-2　PEDVS 蛋白的系统进化树

注：粗体为国内疫苗毒株。

表 3-3　10 株 PEDV 流行毒株与疫苗毒株 S 基因核苷酸及其编码的氨基酸序列同源性

毒株名称	PEDV AJ1102 JX188454	PEDV CV777 AF353511	PEDV LNCT2 KT323980	PEDV LW/L MK392335	PEDV XJ-DB2 KM287429	PEDV SD-M JX560761
PEDVCHSX01-2014	97.3/97.3	93.4/92.4	98.4/97.3	96.7/95.8	98.5/97.1	93.3/91.6
PEDVCHSX02-2015	97.4/97.8	93.6/92.7	98.2/97.9	96.9/96.5	98.2/97.8	93.4/92.2
PEDVCHSX03-2018	96.4/94.9	92.8/90.6	97.5/95.4	95.9/93.8	97.5/95.2	92.4/89.8
PEDVCHSX04-2018	96.5/96.1	93.0/91.3	97.3/96.2	96.2/94.9	97.3/96.0	92.6/90.4

续表

毒株名称	PEDV	PEDV	PEDV	PEDV	PEDV	PEDV
	AJ1102	CV777	LNCT2	LW/L	XJ-DB2	SD-M
	JX188454	AF353511	KT323980	MK392335	KM287429	JX560761
PEDVCHSX05-2019	96.8/96.7	93.1/92.1	97.9/97.3	96.4/95.5	97.9/97.2	92.9/91.5
PEDVCHSX06-2019	96.7/96.9	93.5/92.8	97.7/97.3	96.5/95.8	97.7/97.1	93.3/92.1
PEDVCHSX07-2020	96.1/95.4	93.2/91.8	97.1/95.7	95.9/94.3	97.1/95.6	93.0/91.0
PEDVCHSX08-2020	95.4/93.3	92.1/88.7	96.4/93.7	95.1/92.1	96.4/93.4	91.7/87.8
PEDVCHSX09-2021	97.5/98.1	93.9/93.2	98.5/98.5	97.2/96.9	98.5/98.3	93.7/92.5
PEDVCHSX10-2021	95.7/94.6	92.9/91.4	96.5/94.9	95.3/93.6	96.6/94.8	92.8/90.7

注：/前为核苷酸同源性，/后为氨基酸同源性。

表 3-4　10 株 PEDV 流行毒株 S 蛋白与疫苗株 CV777 和 XJ-DB2 相比抗原表位的变异位点

表位名称	位置	CV777 株氨基酸序列	XJ-DB2 株氨基酸序列	10 个流行毒株
SS2*	748～755	VLVYSNIG	VLVYSNIG	VLVYSNIG
SS6*	764～771	YVPSQYGQ	YVPSQSGQ	YVPSQSGQ（9） YVPSHFGQ（1）
2C10*	1368～1374	GPRLQPY	GPRLQPY	GPRLQPY NSTFNSTREL（4）
2E10 #	722～731	NSTFNNTREL	SSTFNSTREL	SSTFNSTREL（5） LAHFYSTREL（1）
4D8F10 #	592～607	TSLLAGACTIDLFGYP	TSLLASACTIDLFGYP	TSLLASACTIDLFGYPC TEPVLVYSNIGVCKS （8）
SD33-1 #	744～759	CTEPVLVYSNIGVCKS	CTEPVLVYSNIGVCKS	CTEPVLVYSNIGVSKS （1）CPERVLVYSNIGVC QS（1）
SD33-1 #	1371～1377	GPRLQPY	GPRLQPY	GPRLQPY

续表

表位名称	位置	CV777 株氨基酸序列	XJ-DB2 株氨基酸序列	10 个流行毒株
				MQYVYEPTYYML（7）
5E12 #	201～212	MQYVYTPTYYML	MQYVYEPTYYML	MQYVYKPTYYML（1） MQYVQEPTYYML（1） MQYVQEPTYYTP（1）
				YSNIGVCK（8）
6E6**	748～755	YSNIGVCK	YSNIGVCK	YSNIGVSK（1） YSNIGVCQ（1）
3G5**	768～774	QYGQVKI	QSGQVKI	QSGQVKI（9） HFGQVKI（1）
线性 B 细胞表位	604～607	FGYP	FGYP	FGYP
SS5 线性抗原表位	748～755	VLVYSNI	VLVYSNI	VLVYSNI

注：*代表中和表位；# 代表单抗识别表位；**代表抗原表位；括号中的数据为 PEDV 株数。

表 3-5　10 株 PEDV 流行毒株与疫苗毒株 S 蛋白二级结构预测结果的比较

毒株名称	α 螺旋	延伸	β 转角	无规则卷曲
PEDVCHSX01-2014	27.59	26.80	4.39	41.21
PEDVCHSX02-2015	27.85	27.56	4.04	40.55
PEDVCHSX03-2018	26.71	27.51	4.40	41.37
PEDVCHSX04-2018	27.92	26.55	4.26	41.27
PEDVCHSX05-2019	27.49	26.91	4.69	40.91
PEDVCHSX06-2019	27.93	26.41	4.27	41.39
PEDVCHSX07-2020	27.77	27.33	4.27	40.64
PEDVCHSX08-2020	27.85	26.91	4.18	41.05
PEDVCHSX09-2021	27.71	26.91	4.26	41.13
PEDVCHSX10-2021	27.62	27.48	4.48	40.42

续表

毒株名称	α 螺旋	延伸	β 转角	无规则卷曲
PEDVCV777AF353511	27.48	27.48	4.41	40.64
PEDVAJ1102JX188454	28.09	27.22	4.55	40.14
PEDVLNCT2KT323980	28.07	26.77	4.55	40.62
PEDVLW/LMK392335	27.26	27.62	4.48	40.64
PEDVSD-MJX560761	27.79	27.64	4.41	40.16
PEDVXJ-DB2KM287429	27.85	26.98	4.40	40.76

第四章
猪流行性腹泻的诊断

猪流行性腹泻，一种由猪流行性腹泻病毒（PEDV）触发的传染性极强的肠道疾病，广泛影响各年龄段猪群，尤其哺乳期幼猪所受危害最为剧烈。此病症的典型表现包括排出水样腹泻物、呕吐及显著脱水症状，粪便色泽多为黄色至灰黄色，并伴有强烈异味。病猪在病程初期体温可能正常或略有升高，随后可能下降。从病理角度看，疾病主要影响小肠区域，表现为肠管显著扩张，内充满黄色液体，肠壁组织变薄，且小肠绒毛出现萎缩现象。此外，肠系膜淋巴结也可能发生水肿，作为病理变化的一部分。为准确诊断猪流行性腹泻，需综合考虑临床表现、病理学特征以及实验室检测结果。实验室检测手段多样，包括使用电子显微镜直接观察病毒颗粒、在体外细胞培养系统中观察病毒引起的细胞病变及采用酶联免疫吸附实验（ELISA）等血清学方法进行抗体检测。鉴于 PEDV 对乙醚、氯仿等化学物质敏感，市面上常见的消毒剂均能有效杀灭该病毒。因此，在预防和控制策略上，应特别强调环境卫生的维护与彻底消毒措施的执行，以减少病毒传播风险，保障猪群健康。

第一节　流行病学特征

猪流行性腹泻（PED）的流行病学特征表现为病原体明确、易感动物广泛、传染源多样、传播途径复杂、其流行具有季节性且发病率和死亡率较高。因此，在养猪业中应高度重视该病的防控工作。猪流行性腹泻的流行病学特征主要包括以下几个方面。

一、病源

猪流行性腹泻的主要传染源是病猪和带毒猪。这些猪只体内携带的PEDV病毒主要定殖在它们的肠道内，特别是肠绒毛和肠系膜淋巴结中。这些部位是病毒复制和积累的主要场所，也是病毒最终排出体外的起点。当病猪或带毒猪排泄时，含有大量PEDV的粪便随之排出，成为环境中病毒的主要来源。

这些猪流行性腹泻病毒对环境的适应性较弱，特别是对某些化学物质，如醚类物质和氯仿，非常敏感，这些化学物质可以迅速使其失活。此外，该病毒也极不耐高温，它仅在4～50 ℃的温度范围内能保持活性，一旦环境温度超过55 ℃，病毒很容易失活。同时，病毒的活性也受环境pH的影响。在4 ℃的环境下，若pH在3～10，病毒在培养基中繁殖6 h后，其活性会大幅下降。然而，在37 ℃的环境下，当pH维持在5～8.5，病毒能保持较高的活性并具有较强的感染力。但当环境pH低于4或高于9时，病毒会在短时间内失活。研究还发现，无论是酸性还是碱性的消毒药剂，都能有效地灭活这种病毒。

由于 PEDV 的高度传染性和致病性，被病毒污染的粪便，一旦处理不当或未能及时清理，就会对猪舍的环境卫生构成严重威胁。它们会污染饲料、饮水等猪只日常接触的物品，进而通过直接或间接的方式传播给其他健康猪只。此外，饲养人员的衣物、鞋子、车辆及工具等在接触污染粪便后，也可能成为病毒的携带者，将病毒带入到其他猪舍或区域，进一步扩大疫情的传播范围，对养猪业构成了严重威胁。

二、易感动物

猪流行性腹泻病毒（PEDV）的易感范围严格上讲就猪这一个物种，这意味着其他家畜或野生动物通常不会受到该病毒的感染。在猪群内部，无论是初生仔猪、保育猪、育肥猪还是成年猪，均存在感染 PEDV 的风险，显示出其广泛的易感性。然而，尽管所有年龄段的猪都可能成为 PEDV 的宿主，但它们在感染后的临床表现、发病率以及死亡率上却呈现出显著差异。具体而言，幼龄猪，特别是哺乳仔猪，由于免疫系统尚未完全发育，对 PEDV 的抵抗力相对较弱，一旦感染，往往病情更为严重，发病率和死亡率均较高。这些幼猪可能迅速出现严重的腹泻、呕吐、脱水等症状，若不及时治疗，很可能在短时间内死亡。

相比之下，保育猪和育肥猪虽然也会感染 PEDV，但它们的发病率和死亡率通常较低。这些猪只的免疫系统相对较为完善，能够更好地抵抗病毒的侵袭，并在一定程度上控制病情的发展。然而，即使它们能够存活下来，也

可能因长期腹泻而导致生长发育受阻，影响养殖效益。

至于成年猪，包括母猪和公猪，它们在感染 PEDV 后往往表现出较低的发病率和死亡率。这些猪只的免疫系统更为强大，能够有效清除体内的病毒，减缓病情的发展。然而，即使它们自身症状较轻，也可能成为病毒的携带者，通过粪便等途径将病毒传播给其他易感猪只，从而扩大疫情的范围。

因此，在猪流行性腹泻的防控工作中，需要特别关注幼龄猪的保护和隔离措施，以减少病毒的传播和降低疫情的危害程度。同时，也应加强对成年猪的监测和管理，及时发现并处理潜在的疫情隐患。

三、传染源与传播途径

PEDV 的传播途径多样，但主要通过消化道感染，粪—口途径是其中最为主要的传播方式。当健康猪只摄入被 PEDV 污染的饲料、饮水或接触到被病毒污染的环境时，病毒就会进入它们的消化道。在消化道内，病毒能够抵抗胃酸和消化酶的破坏，成功附着在肠上皮细胞上，进而通过膜融合等方式侵入细胞内部，开始其复制周期。

除了消化道感染外，也有研究报道表明 PEDV 可以通过呼吸道途径进行传播。虽然这种传播方式不是主要的，但在某些特定条件下（如猪舍通风不良、饲养密度过高等），病毒有可能通过气溶胶的方式在猪舍内传播，被健康猪只吸入呼吸道后引发感染。此外，感染猪只的呼吸道分泌物中也可能含有 PEDV，这些分泌物在咳嗽、打喷嚏等过程中被排出，进一步增加了病毒通过呼吸道传播的风险。

四、流行特点

猪流行性腹泻（PED）的季节性特点显著，主要集中在寒冷季节暴发。这主要是由于低温环境有利于病毒的存活和传播，同时寒冷天气下猪的免疫力可能有所下降，使病毒更易入侵机体。在我国，PED 的流行高峰期通常出现在每年的 11 月至次年的 4 月，这段时间内气温较低，湿度较大，为病毒的传播提供了有利条件。因此，在这个时期，养猪户需要特别加强防疫措施，确保猪舍保暖、通风良好，减少病毒传播的风险。

在 PED 的流行过程中，不同年龄段猪只的发病顺序也具有一定的规律性。一般来说，首先是育肥猪开始发病，随后是保育猪、妊娠母猪，最后是产房母猪和哺乳仔猪。这种发病顺序可能与猪只的饲养环境、接触频率以及免疫力水平等因素有关。在疫情初期，育肥猪由于饲养密度较大、活动范围较广，更容易接触到病毒而发病。随着疫情的扩散，其他年龄段的猪只也逐渐受到感染，但发病率和死亡率因猪只年龄的不同而呈现显著差异。

（一）哺乳仔猪

由于免疫系统尚未完全发育，对病毒的抵抗力较弱，因此发病率几乎可达 100%。一旦感染，病情往往迅速恶化，死亡率极高，可高达 50%～90%，甚至在某些严重情况下，死亡率会更高。特别是 7 日龄以内的仔猪，由于体质极弱，一旦出现腹泻症状，很容易在 2～4 d 内因脱水而死亡。

（二）保育猪和育肥猪

虽然也会受到 PED 的影响，但相对于哺乳仔猪来说，它们的发病率和死亡率要低一些。这些猪只的免疫系统已经逐渐完善，能够更好地抵抗病毒的侵袭。然而，如果管理不当或病情严重，仍有可能造成较大的经济损失。

（三）母猪

母猪的发病率相对较低，一般在 15%～90%。成年母猪的免疫系统较为强大，感染后通常能够较快地恢复健康，病程一般持续 4～5 d 即可康复。但需要注意的是，母猪作为猪群中的重要成员，其健康状况直接影响到整个猪群的稳定和发展。

五、疫情史

猪流行性腹泻（PED）的疫情历史可以追溯到 1978 年，这一年，该疾病在英国和瑞士首次被报道暴发。这一突发事件迅速引起了全球动物健康领域的关注，因为 PED 以其高传染性和对猪只（尤其是幼龄猪）的严重致死率，对当时的养猪业构成了巨大威胁。随着国际贸易和动物移动的增加，PED 病毒迅速跨越国界，在世界范围内广泛传播，成为了一个全球性的动物疫病问题。

我国于 1980 年成功分离出了 PED 病毒，标志着我国养猪业也受到了该病的侵袭。自此以后，我国养猪业陆续出现了 PED 的流行报道，疫情在多个地区时有发生，给养殖户带来了巨大的经济损失。在过去几十年里，PED疫情在我国经历了多次起伏，有时趋于平静，但每当条件适宜时，又会卷土重来，给养猪业带来新一轮的挑战。

时至今日，尽管科学家们已经对 PED 病毒进行了深入的研究，并研发了相应的疫苗和防控措施，但 PED 疫情仍然在全球范围内时有发生。这主要是由于 PED 病毒具有高度的变异性和适应性，能够逃避宿主的免疫应答，同时疫苗的保护效果也可能受到多种因素的影响而减弱。

在我国，尽管政府和相关机构加大了对 PED 疫情的防控力度，加强了疫苗的研发和推广，但疫情仍然在一些地区特别是养殖密度高、管理不善的猪场中时有发生。这些猪场往往存在环境卫生条件差、饲养管理不规范、生物安全措施不到位等问题，为 PED 病毒的传播提供了有利条件。

因此，为了有效控制 PED 疫情的传播和蔓延，需要继续加强疫情监测和预警体系建设，提高养殖场的生物安全水平和管理水平，同时加强疫苗的研发和应用研究，提高疫苗的保护效果和免疫覆盖率。只有这样，才能更好地应对 PED 疫情的挑战，保障养猪业的健康稳定发展。

第二节　临床症状

流行性腹泻病的主要临床特征显著，包括水样腹泻、呕吐和脱水。对发病的仔猪来说，具体表现尤为严重。这些小猪往往会出现食欲和精神的明显不振，身体逐渐消瘦，并偶有呕吐现象。它们的排泄物会呈现糊状或水样，严重的病例中，粪便甚至可能呈喷射状排出。初时，粪便颜色为黄白色，但随后会逐渐转变为灰绿色的粥样，并带有恶臭的气味。

对于青年猪和成年猪，如果未出现继发感染，其粪便的恶臭味会逐渐减轻，痊愈的可能性也相对较大。然而，对于仔猪来说，情况则更为严峻。它们往往会在发病后的 5～10 d 内，因脱水过度而衰竭死亡，此时它们的眼球会深陷，显示出极度脱水的状态。

水样腹泻是生猪患病时一个显著的症状，通常表现为黄色或灰黄色的粪便，并伴随有恶臭味。值得注意的是，病猪的体温升高现象并不十分明显。然而，由于腹泻和呕吐的影响，病猪往往会出现脱水症状，并且容易引发代谢性酸中毒，这可能导致高达 50%～90%的死亡率。特别是对于年龄较小的猪只，如 7 日龄的新生仔猪，感染后的症状会更为剧烈，可能在 2～4 d 内死亡。相比之下，育肥猪的症状通常较为轻微，大部分在一周左右能够恢复，但死亡率也达到 1%～3%。然而，一旦育肥猪感染，它们很容易成为疫情传播的源头，导致整个圈舍内的生猪都面临感染的风险，进而可能引发疫情的暴发。

猪流行性腹泻（PED）是由猪流行性腹泻病毒（PEDV）引起的一种高度接触性肠道传染病。在诊断该病时，临床症状是重要的参考依据。

一、主要症状

猪流行性腹泻（PED）作为一种高度传染性的肠道疾病，其主要临床症状的详细描述如下，这些症状在不同年龄段的猪只中呈现出各异的严重程度和表现形式。

1. 呕吐

呕吐是PED初期的一个显著症状，几乎在所有患病猪只中都会出现。对于哺乳仔猪而言，呕吐往往发生在进食后不久，呕吐物中常含有未消化的凝乳块，这是由于其消化系统尚未发育完全，对病毒的抵抗力较弱所致。随着病情的进展，呕吐可能变得更加频繁和剧烈，进一步加剧了猪只的脱水和营养流失。

2. 腹泻

腹泻是 PED 最为典型的症状之一，也是导致病猪迅速消瘦和脱水的主要原因。腹泻初期，病猪的粪便可能呈现为白色或黄色，随后逐渐变为黄绿色或灰褐色，且粪便呈水样，质地稀薄，伴有恶臭气味。腹泻的严重程度因猪只年龄和免疫状态而异，但几乎所有患病猪只都会出现不同程度的腹泻症状。对于哺乳仔猪而言，腹泻可能导致其迅速脱水，出现眼窝下陷、皮肤弹性降低等脱水体征，严重时甚至可能在短时间内死亡。

3. 脱水

脱水是 PED 病程中最为严重的并发症之一，也是导致病猪死亡的主要原因之一。由于病猪长期腹泻和呕吐，体内大量水分和电解质丢失，造成严重的脱水和电解质紊乱。脱水不仅会影响猪只的食欲和饮水行为，还会导致其生理功能受损，出现心跳加快、呼吸急促、体温下降等生命体征异常。对于哺乳仔猪而言，由于其体表面积相对较大且体温调节能力较弱，脱水症状尤为明显且致命。

二、哺乳仔猪、断奶猪、肥育猪的症状

（一）哺乳仔猪

哺乳仔猪在感染初期，体温可能维持正常或略有升高，但这往往是一个短暂的假象。随后，它们的精神状态迅速恶化，变得沉郁不安，对周围环境失去兴趣，食欲显著减少，甚至完全停止吃奶。这种拒食行为进一步加剧了它们的营养状况恶化。

在拒食或吃奶后不久，哺乳仔猪常出现呕吐症状。呕吐物中常含有未消化的凝乳块（见图 4-1），这些凝乳块的存在表明它们的消化系统已经受到了病毒的严重影响。呕吐不仅加剧了仔猪的脱水状况，还使得它们更加虚弱无力（见图 4-2）。

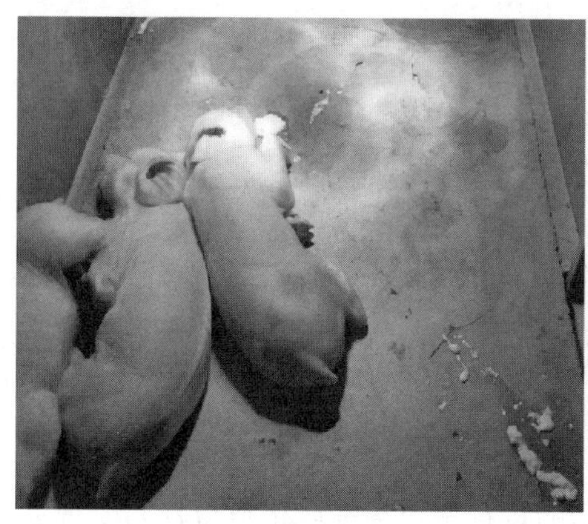
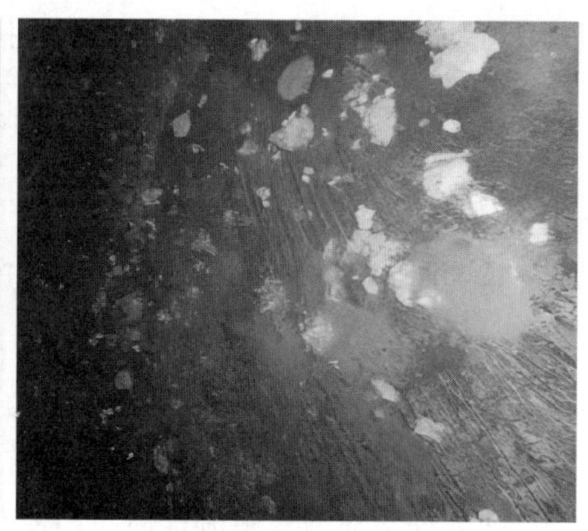

图 4-1　哺乳仔猪与凝乳块状呕吐物

呕吐之后，哺乳仔猪会出现急剧的水样腹泻。腹泻初期，粪便可能呈现白色，这是肠道内液体大量排出的结果。随后，粪便的颜色逐渐变为黄色或

绿色，并可能带有未完全消化的凝乳块或混有血样。到了后期，粪便可能呈现灰褐色，且质地更加稀薄，几乎呈水样。

图 4-2　发病仔猪瘦弱无力

由于持续的腹泻和呕吐，哺乳仔猪很快就会出现明显的脱水症状。病猪的皮肤变得干燥无弹性，眼球凹陷，眼窝深陷，嘴唇干燥。同时，由于腹泻导致的肛门括约肌松弛，粪水会不断从肛门流出，污染臀部及尾部区域。这种严重的脱水状况使仔猪的生命体征迅速下降，最终可能在腹泻后的 2～4 d 内因脱水而死亡。尤其是那些日龄在 1 周以内的仔猪，由于它们的身体更为脆弱，死亡率可高达 50%甚至更高。

哺乳仔猪在遭受猪流行性腹泻侵袭的过程中，其生理状态与行为表现会发生一系列显著变化，这些变化不仅反映了疾病的进程，也为养殖者提供了重要的诊断线索。哺乳仔猪在猪流行性腹泻的发病过程中会表现出体温正常

或稍偏高、精神萎靡、被毛粗乱无光泽、颤栗、严重口渴，以及粪便带有恶臭气味且呈喷射状排出等一系列症状。

仔猪全身症状的出现提示养殖者需要密切关注猪群的健康状况，及时采取有效的防控措施来减少疾病的发生和传播。在发病初期，哺乳仔猪的体温可能保持正常或仅略有偏高，这表明病毒尚未引起全身性的炎症反应或机体尚能维持一定的体温调节能力。然而，尽管体温变化不明显，仔猪的精神状态却会迅速恶化，表现为精神萎靡不振，对周围环境失去兴趣，反应迟钝，甚至可能出现嗜睡或昏迷的状态。同时，被毛也会变得粗乱无光泽，失去了往日的顺滑与光泽，这是机体营养不良和健康状况下降的直观体现。随着病情的加重，哺乳仔猪还会出现颤栗的症状。这种颤栗可能是由于体内电解质失衡、脱水或寒冷刺激等因素引起的，也可能是机体对病毒入侵的一种应激反应。此外，仔猪还会表现出严重的口渴，但由于腹泻导致的脱水，它们往往无法获得足够的水分来满足身体的需求，这进一步加剧了它们的病情。

（二）断奶猪、肥育猪

对于断奶猪和肥育猪而言，虽然它们感染猪流行性腹泻后的发病率也相当高，但相比于哺乳仔猪，其症状表现相对较轻缓。

1. 厌食与食欲下降

断奶猪和肥育猪在感染初期，最明显的症状之一是厌食或食欲显著下降。它们对饲料的兴趣明显降低，进食量大幅减少，有时甚至完全拒绝进食。这种厌食状态不仅影响了猪只的营养摄入，还可能导致其体质逐渐衰弱。

2. 腹泻与粪便变化

随着病情的发展，这些猪只开始出现腹泻症状。它们的粪便由正常的形态转变为灰色或灰褐色，质地变得稀薄，有时甚至呈水样（见图 4-3、图 4-4）。腹泻过程中，粪便中可能含有未完全消化的食物残渣或黏液。腹泻的频繁发生导致猪只体内水分和电解质的严重流失，进而加剧其脱水状况。

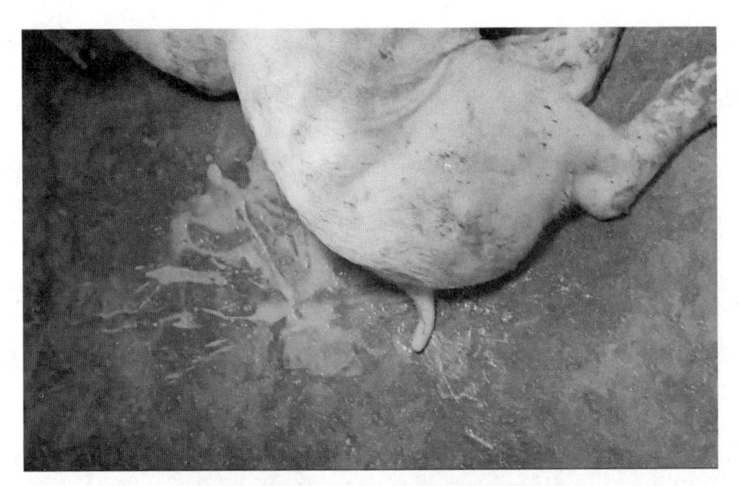

图 4-3　感染育肥猪排出灰褐色稀粪

图 4-4　断奶仔猪的水样腹泻

3. 偶尔的呕吐

与哺乳仔猪相比，断奶猪和肥育猪出现呕吐的频率较低，但仍有部分猪只可能出现呕吐症状。呕吐物中可能含有胃液、胆汁或未消化的食物残渣。呕吐不仅加剧了猪只的脱水状况，还可能对其食道和胃部造成一定的损伤。

4. 病程与恢复

断奶猪和育肥猪的病程一般持续 4～7 d。在这段时间内，随着体内免疫系统的逐渐适应和病毒的逐渐清除，猪只的症状会逐渐减轻并最终消失。然而，即使症状消失后，这些猪只的生长发育也可能受到一定程度的影响。由于腹泻和厌食导致的营养摄入不足和体质衰弱，它们可能需要更长的时间来恢复正常的生长速度和体重。

5. 生长发育受阻

虽然断奶猪和育肥猪在感染猪流行性腹泻后能够逐渐康复，但它们的生长发育往往受到一定程度的阻碍。这主要是因为腹泻和厌食导致的营养摄入不足和体质衰弱对猪只的生长发育产生了负面影响。在康复过程中，需要特别注意这些猪只的营养补充和健康管理，以促进其尽快恢复到正常的生长发育状态。

（三）母猪

母猪作为猪群中的重要成员，其健康状况对整个猪场的生产效益有着至关重要的影响。在猪流行性腹泻的疫情中，母猪的发病率虽然相对于哺乳仔猪较低，但仍可达到 15%～90%的较高水平。这一范围内的发病率强调了疾病防控在母猪群体中的必要性和紧迫性。

1. 食欲不振

母猪感染猪流行性腹泻后，首先表现出的症状之一是食欲不振。它们对饲料的兴趣明显降低，进食量显著减少，这可能导致其营养摄入不足，进而影响体质和泌乳能力。

2. 呕吐

部分母猪在感染过程中会出现呕吐症状。呕吐物中可能含有胃液、胆汁或未消化的食物残渣。呕吐不仅加剧了母猪的脱水状况，还可能对其食道和胃部造成一定的损伤。

3. 体温升高

感染后的母猪体温通常会升高 1～2 ℃，这是机体对病毒入侵的一种应激反应。虽然体温升高幅度不大，但仍需密切关注，以防病情恶化。

4. 泌乳减少或停止

由于食欲不振、呕吐以及可能的全身不适，母猪的泌乳量会显著减少，甚至完全停止。这对仔猪的生长发育构成了严重威胁，因为母乳是它们获取营养的主要途径。

大多数母猪在感染猪流行性腹泻后，粪便常呈喷射状排出，后期肛门处会不自主流出粪便（见图 4-5、图 4-6）。经过 3～7 d 的病程会逐渐恢复。在

此期间，如果能够得到及时的治疗和护理，如补充足够的水分和营养、保持猪舍的清洁和干燥等，将有助于缩短病程并促进恢复。然而，也有极少数母猪可能因病情严重或并发其他疾病而死亡，这对猪场的生产效益将造成较大损失。

图 4-5　感染母猪不自主流出稀粪

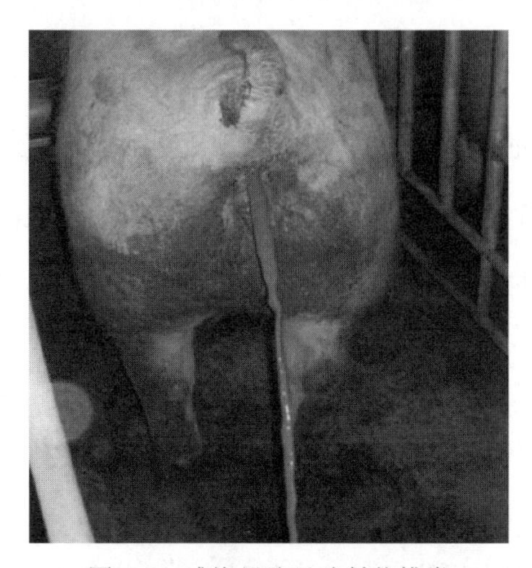

图 4-6　感染母猪呈喷射状排粪

因此，在猪流行性腹泻的防控工作中，应特别关注母猪的健康状况，加强饲养管理，提高猪群的免疫力，以减少疾病的发生和传播。同时，对已经发病的母猪，应及时采取有效的治疗措施，以减少损失并促进康复。

（四）成年猪

成年猪在面对猪流行性腹泻时，由于其相对较强的免疫系统和生理机能，通常能够展现出较为轻微的症状反应。这类症状虽然存在，但相较于其他年龄段的猪只，其严重程度和持续时间都有所减轻。

1. 厌食

成年猪感染后的首要症状可能是厌食，即食欲明显下降，对饲料的兴趣减弱。这可能是由于病毒引起的消化系统不适或全身性炎症反应所致。厌食会导致成年猪的营养摄入不足，但由于其体内储备相对充足，这一症状对其生命安全的直接影响较小。

2. 呕吐

部分成年猪在感染过程中可能会出现呕吐症状。呕吐物中可能包含胃液、胆汁或未消化的食物残渣。与哺乳仔猪和断奶猪相比，成年猪的呕吐症状可能较为少见或程度较轻。然而，呕吐仍可能加剧其脱水状况，因此需要及时关注并采取相应的护理措施。

3. 水样腹泻

虽然成年猪出现水样腹泻的几率较低，但在某些情况下也可能发生。腹泻时，粪便呈水样，质地稀薄，可能含有未消化的食物残渣或黏液。腹泻会导致成年猪体内水分和电解质的流失，但由于其生理机能较为完善，一般能够较好地调节体内水平衡和电解质平衡。

在没有继发其他疾病且得到适当护理的情况下，成年猪很少因猪流行性腹泻而发生死亡。它们的免疫系统能够较为有效地应对病毒入侵，并在一定时间内清除病毒。因此，病程通常相对较短，成年猪能够在较短时间内恢复健康。在恢复期间，提供充足的水分、易消化的饲料和舒适的环境条件对促进成年猪的恢复至关重要。

第三节 病理变化

一、临床病理变化

猪流行性腹泻（PED）主要影响猪的消化系统，特别是小肠。病猪会出现严重的脱水症状，如眼窝深陷、肋骨突出。胃底和幽门部常有出血斑，显示病毒或细菌感染引起的炎症。小肠病变明显，肠管充盈、肠壁变薄半透明（见图 4-7）。小肠浆膜上可能出现出血斑，且黏膜出血，内部含黄色泡沫液体。同时，肠系膜淋巴结肿大充血（图 4-8）。此外，其他器官如肺脏、肾脏和肝脏也可能出现病变。显微镜下，小肠绒毛缩短，上皮细胞受损形成空泡或脱落。这些病理变化严重影响猪的营养吸收和水分平衡，可能导致继发性感染和器官功能衰竭，对哺乳仔猪影响尤为严重，死亡率较高。因此，在养猪业中，PED 的防控至关重要。

如图 4-7 所示，对遭受腹泻困扰的仔猪进行细致的剖检分析后，结果无一不指向猪流行性腹泻的鲜明病理印记，尤其是小肠部位展现出了该病症的典型病理变化。具体而言，受影响的仔猪小肠呈现出显著的扩张状态，肠腔内充斥着稀薄且呈黄色泡沫状的物质，这些异常内容物进一步凸显了肠道功能的紊乱。肠壁结构变得脆弱不堪，原有的紧致与弹性荡然无存，变得异常轻薄且近乎透明，这反映了肠壁组织受到了严重损害。

图 4-7　PEDV 感染仔猪的肠道充盈、肠壁变薄

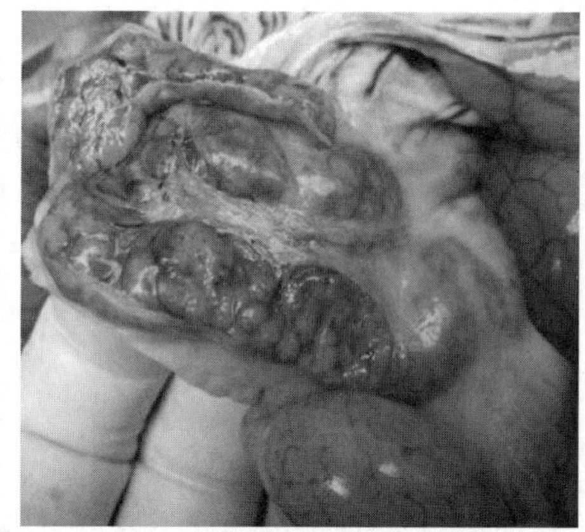

图 4-8　PED 病猪肠系膜淋巴结出血、水肿

此外，肠系膜的充血现象显著，部分小肠黏膜上可观察到点状出血，这是炎症反应的直接体现。肠系膜淋巴结也未能幸免，出现了肿胀的病理变化，提示免疫系统的积极应对与局部防御的加强。与此同时，胃部的病理改变同样不容忽视，胃底黏膜潮红充血，表面覆盖着一层黏液，胃内物质颜色鲜黄并夹杂着乳白色的絮状小片，这些迹象均进一步印证了猪流行性腹泻对猪只消化系统的全面侵袭与影响。综上所述，这些病理表现与猪流行性腹泻的典

型特征高度吻合，为疾病的诊断提供了有力依据。

二、组织病理变化

流行性腹泻病的组织病理变化显著，主要集中在猪的消化系统，尤其是小肠。首先，脱水症状明显，表现为仔猪尸体严重脱水，眼窝深陷，肋骨突出。其次，胃底及幽门部出现数量不等的出血斑，反映了病毒或感染引起的炎症反应。

小肠的病变尤为突出，表现为肠管充盈、肠壁变薄至半透明状，这是肠管扩张和肠壁水肿的直接结果。同时，小肠浆膜上有时可见出血斑，这表示黏膜下血管或浆膜层的炎症反应。小肠黏膜受损，出血并伴有黄色带泡沫的液体，这可能是肠黏膜受损后液体和血液混合的结果。

肠系膜淋巴结也表现出肿大、充血出血的病变，这是淋巴结对感染或炎症的正常反应，但也反映了疾病的严重性。此外，个别仔猪的肺脏充血、肾脏有小出血点、肝脏淤血，这些可能是疾病影响下的继发性变化，也可能是疾病过程中伴随的其他感染或应激反应。

在显微镜下观察，小肠绒毛可能缩短，上皮细胞可能形成空泡或脱落，这是肠道上皮细胞受损的直接证据。在组织学上，空肠段上皮细胞的空泡形成和表皮脱落、肠绒毛显著萎缩等现象尤为显著（见图 4-9，图 4-10）。这些变化不仅降低小肠的吸收能力，加重腹泻症状，还可能导致继发性的感染和器官功能衰竭，从而对猪的生命构成严重威胁。

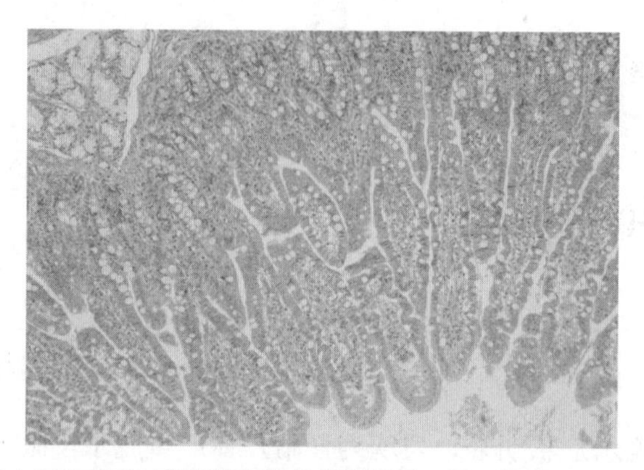

图 4-9　PEDV 感染猪空肠的病理切片（HE 染色 10×40）

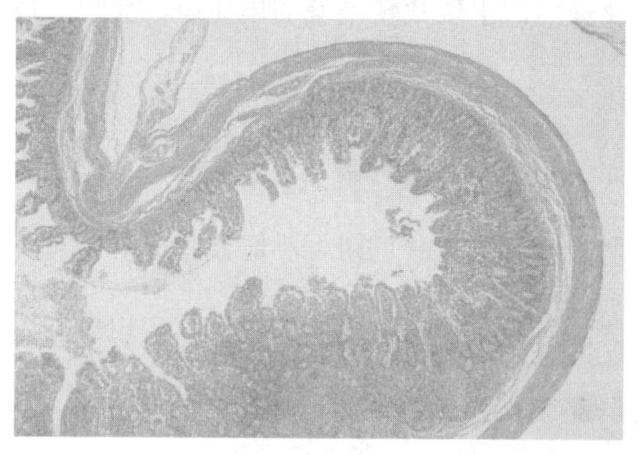

图 4-10　PEDV 感染猪回肠的病理切片（HE 染色 10×40）

三、超微病理变化

流行性腹泻病的超微病理变化主要集中于小肠细胞，显著体现了小肠细胞的严重损伤。首先，细胞浆内的细胞器数量明显减少，并出现半透明区，这可能反映了细胞内水分增加或细胞器本身的损伤。其次，肠上皮细胞表面的微绒毛和末端网状结构消失，这对小肠的吸收功能构成了严重影响。

进一步观察发现，部分小肠细胞的胞浆会突入肠腔，这可能是由于细胞受损或细胞间连接破坏所致。同时，肠细胞变得扁平，且细胞间的紧密连接消失，这进一步加剧了肠黏膜的损伤，增加了肠壁的通透性。

最后，受损的肠细胞会脱落进入肠腔，这不仅加剧了肠黏膜的损伤，还可能导致继发性的细菌感染。此外，在肠细胞内，可以观察到病毒通过内质网膜以出芽方式形成，这进一步证实了流行性腹泻病是由病毒引起的。

第四节　实验室诊断

病毒分离培养鉴定，作为畜禽病毒性疾病诊断领域的黄金标准，以其卓越的准确性、可靠性与高度敏感性而著称，即便是面对极微量的病毒也能精准捕捉其踪迹。然而，尽管这一方法在诊断上拥有无可比拟的优势，其冗长的检测周期与复杂精细的操作流程却成为了其快速响应疫情挑战时的桎梏，尤其是在面对如猪流行性腹泻（PEDV）等急需即时诊断控制的疾病时，更显力不从心。然而，不容忽视的是，病毒分离培养法在追求诊断精度的同时，也面临着检测效率低下与操作复杂性的双重挑战。其耗时的培养周期与烦琐的操作步骤，限制了其在紧急疫情形势下迅速锁定病原、指导防控措施制定的能力，难以满足 PEDV 等急性传染病快速诊断的迫切需求。

一、免疫荧光检测

免疫荧光（Immunofluorescence，IF）技术已成为检测细胞分离培养液中猪流行性腹泻病毒（PEDV）以及感染 PEDV 的肠组织冰冻切片中病毒抗原的重要工具。这一方法的广泛应用得益于其高效、直观和灵敏度高的特点，尤其是在病毒学诊断和研究中。

免疫荧光检测方法的原理基于特异性抗体与病毒抗原之间的结合。在检测过程中，首先使用荧光标记的PEDV特异性抗体与疑似感染PEDV对猪组织细胞培养液或超薄切片中的病毒抗原进行特异性结合。这种结合过程可以通过荧光显微镜直接观察，因为在感染细胞的细胞质中，荧光标记的抗体与病毒抗原结合后会发出明亮的荧光信号。

通过使用免疫荧光技术，研究人员能够在PEDV感染的不同阶段都准确地检测到小肠绒毛上皮细胞中的病毒抗原。这一方法的灵敏度极高，即使在疾病潜伏期的早期阶段（如感染后最初12～24 h）也能有效检测到病毒的存在。此外，研究还发现，在猪只出现临床症状后72 h的肠道样品中，依然能够利用免疫荧光技术检测到病毒抗原，这进一步证明了该技术在病毒检测中的实用性和可靠性。

二、免疫组织化学检测

免疫组织化学（IHC）技术已成为肠组织中猪流行性腹泻病毒（PEDV）抗原检测的可靠手段，被广泛应用于科学研究和临床诊断中。这种技术结合了免疫学的特异性抗体与化学反应的显色系统，以检测组织切片中的PEDV抗原。

在IHC检测过程中，首先会使用针对PEDV的特异性抗体来识别并结合到病毒抗原上。接着，通过添加酶标二抗（通常是与特异性抗体相匹配的酶标记的抗体），这些酶能够催化化学显影剂（如底物）产生颜色变化，从而在显微镜下呈现出可见的阳性信号。

与免疫荧光（IF）检测技术相媲美，免疫组织化学（IHC）技术同样展现出了其在 PEDV 抗原检测中的卓越能力，其检测窗口宽广，覆盖了从感染初期（如感染后仅 1 d）直至感染后较长时间段（如长达 14 d）的全程。这一原位检测技术尤为引人注目，因为它实现了对病毒感染动态的直接窥探——在靶细胞与组织内部精准定位并直观展示病毒抗原的存在，为研究者提供了关于 PEDV 感染路径与分布模式的第一手、直观信息。

更令人称道的是，IHC 检测还具备一项独特优势：它能够在经过福尔马林固定并石蜡包埋的组织样本上有效实施。这一特性意味着，组织样本可以在严格的条件下长期保存，不仅保障了样本的稳定性与可追溯性，还赋予了研究者在未来任何时刻回顾分析历史病例的能力。当需要时，这些珍贵的存档组织标本可以被重新取出，进行深入的免疫组织化学观察与分析，为病毒学、病理学等领域的研究提供源源不断的宝贵资料。

IHC 成为一种既方便又实用的工具，不仅适用于当前的研究和诊断需求，还能够为未来的研究和回顾性分析提供宝贵的资源。

三、ELISA 检测

检测粪便样本中的猪流行性腹泻病毒（PEDV）抗原时，抗原捕获酶联免疫吸附测定（ELISA）试剂盒被证明是一种有效且可靠的方法。这种技术基于抗原-抗体特异性结合的原理，首先将 PEDV 特异性捕获抗体固定在固相载体（如聚苯乙烯、聚乙烯或聚丙烯微孔板孔）上。当含有 PEDV 抗原的粪便样品与这些包被了捕获抗体的微孔板接触时，样品中的病毒抗原会与捕获抗体结合。随后，检测抗体被引入，这些抗体能够特异性地结合到已经被捕获的 PEDV 抗原上。接下来，酶标二抗会与检测抗体结合，形成一个复合物。这个复合物中的酶能够催化化学底物发生颜色变化，从而在视觉上指示出 PEDV 抗原的存在。

尽管抗原捕获 ELISA 试剂盒作为一种先进的工具，已被设计并应用于粪便样本中 PEDV 抗原的检测，但其在实际临床应用中仍面临诸多挑战，这些挑战主要源自于样品处理与管理的复杂性。具体而言，样品的采集时机、后续的储存环境以及从采集现场到实验室的转运过程（特别是温度控制）都可能成为影响检测结果准确性的关键因素。

在疾病进展的急性期，即当临床症状初露端倪之时，利用抗原捕获 ELISA 试剂盒检测粪便样本中的 PEDV 抗原往往能够取得较为理想的效果，因为此时病毒在体内的复制活跃，抗原含量相对较高。然而，随着病程的推移，进入潜伏期或恢复期后，病毒载量会经历显著的下降过程，这直接导致可检测的病毒抗原量大幅减少，甚至可能降至检测方法的灵敏度以下，从而使检测结果呈现阴性，无法准确反映实际的感染状态。

因此，为了确保抗原捕获 ELISA 试剂盒在 PEDV 检测中的有效性和可靠性，必须严格控制样品采集、储存及转运的每一个环节，尽可能减少外部因素对检测结果造成的干扰。同时，对于处于潜伏期或恢复期的疑似病例，可能需要结合其他更为灵敏或特异性的检测方法进行综合判断，以提高诊断的准确性和及时性。

因此，为了获得准确的检测结果，建议在感染的急性期、临床症状出现后不久采集粪便样本，并尽快冷冻保存以确保病毒抗原的稳定性。同时，在运输过程中也应保持适当的温度控制，以防止样本在到达实验室之前发生降解或污染。

四、血清学方法

猪流行性腹泻病毒（PEDV）血清抗体检测是评估猪群健康与防控效果的关键工具。该检测旨在通过测量血清中 PEDV 抗体的水平，来评估猪群对病毒的免疫保护状态、辅助诊断病毒感染，并监测疫苗的有效性。在猪流行性腹泻病毒（PEDV）的防控策略中，血清抗体检测扮演着至关重要的角色。

间接免疫荧光法（IFA）灵敏度高，但假阳性率也高，对抗体要求高。该方法利用 PEDV 感染的 Vero 细胞作为反应仓，与疑似感染动物的血清进行反应，随后通过荧光标记的特异性二抗进行检测，最终在荧光显微镜下观察结果。尽管 IFA 在检测灵敏度上表现出色，但其操作过程相对复杂，且需要专业的荧光显微镜设备，并且需要可以感染的活病毒，这在一定程度上限制了其在大规模筛查中的应用。

血清中和试验（VN）以其高度的特异性而备受推崇。该试验通过直接观察血清中抗体对 PEDV 感染细胞能力的抑制作用，来评估抗体的中和活性。VN 法能够精确反映抗体对病毒的抑制效果，是评估疫苗免疫效果的重要工具。然而，其操作烦琐且耗时较长，不适合用于快速诊断或大规模筛查。

相比之下，间接 ELISA 法则以其操作简便、敏感性高和特异性好的特点，成为猪流行性腹泻病毒血清抗体检测的首选方法。ELISA 法通过将 PEDV 抗原固定在固体表面，与待检血清反应后形成抗原抗体复合物，再经酶标二抗显色，通过颜色变化即可判断抗体的存在与否。该方法不仅适用于血清样本的检测，还能扩展到初乳等其他样本类型，如广州华南生物工程有限公司生产的 ELISA 试剂盒所示。此外，ELISA 法还具有大规模筛查和临床诊断的潜力，能够满足养猪业对快速、准确检测的需求。

竞争或阻断 ELISA 法作为一种特殊的检测方法，主要用于检测高亲和力抗体。该方法基于抗原与抗体间的竞争结合原理，通过减少或阻断抗原抗体复合物的形成来检测抗体。虽然该方法在特异性方面表现出色，但其操作相对复杂，需要精细的实验设计和操作技巧。

以间接 ELISA 法检测猪流行性腹泻病毒（PEDV）血清抗体的流程简述如下：首先，从待检猪只中采集血清样本，经过适当的预处理后妥善保存以备后续使用。随后，在 ELISA 板条上精确包被 PEDV 抗原，为抗体检测提供稳定的反应平台。接着，将待检血清加入板条中，使血清中的抗体与抗原发生特异性结合反应。之后，加入酶标二抗，该二抗能够识别并结合抗原抗体复合物，从而引入酶促反应体系。在加入底物后，酶标二抗催化底物发生显色反应，生成肉眼可见的颜色变化。最后，根据颜色变化的深浅程度，可以判断待检血清中是否存在 PEDV 抗体以及抗体的相对水平。这一流程操作简便、灵敏度高、特异性好，是评估猪群对 PEDV 免疫状态的重要手段。

在进行猪流行性腹泻病毒（PEDV）血清抗体检测时，需要注意多个关键环节以确保检测结果的准确性和可靠性。首先，样品采集是第一步也是至关重要的一步，应在适当的时间点如感染前后、疫苗接种后等采集血清样品，以捕捉抗体水平的变化。其次，样品处理同样不容忽视，必须确保样品在采集、保存和运输过程中严格遵循无菌操作，避免任何可能的污染和降解，以保持样品的原始性和完整性。此外，操作规范也是保障检测结果准确性的重要因素，检测人员应严格按照试剂盒说明书和实验室操作规范进行操作，避免人为误差对结果的影响。最后，在结果解读时，应综合考虑临床症状、流行病学资料和实验室其他检测结果，进行综合分析判断，以得出更为准确和全面的结论。

（一）血清中和实验

血清中和实验是猪流行性腹泻病毒（PEDV）检测的一种经典方法，它主要分为常量法和微量法两种。由于微量法具有操作简便、结果易于判定的特点，因此在大批量样品检测中更为适用。这种方法基于病毒与特异性抗体在体外结合后，能够抑制病毒对细胞的感染，从而通过细胞存活情况来判断抗体的中和作用。

PK-15 细胞是猪源的肾细胞，相比 Vero（非洲绿猴肾上皮细胞）的优点在于 PK-15 细胞上有更多的猪源受体，能更精确模拟 PEDV 在猪体内的感染情况。但是缺点也很明显，不是所有 PK-15 细胞都可以感染 PEDV，它感染情况不如 Vero 细胞。有研究人员采用了 PK-15 细胞建立了 PEDV 微量中和实验检测方法。这种方法不仅提高了检测的准确性和灵敏度，还使大规模筛查成为可能。然而，由于猪的黏膜免疫系统具有特殊性，血清中针对胃肠道病原体的抗体存在并不一定与防御机制直接相关。因此，即使能够检测出抗体，也只能证明机体曾经接触过传染性微生物，而不能直接反映其对疾病的抵抗力。

此外，血清中和实验在操作过程中需要设置对照板和进行回归实验，以确保结果的准确性。这些额外的步骤增加了实验的复杂性和成本，同时也使鉴定结果具有一定的不确定性。因此，虽然血清中和实验是一种有效的 PEDV 检测方法，但在实际应用中需要结合其他检测手段进行综合判断，以提高诊断的准确性和可靠性。

（二）免疫荧光技术

免疫荧光抗体检测是一种具有高准确性和特异性的检测技术，广泛应用于病原体的快速诊断。该技术包括直接免疫荧光和间接免疫荧光两种方法，其中直接免疫荧光法能够直接观察到被特异性抗体标记的病原体，而间接免疫荧光法则通过检测与病原体结合的特异性抗体来间接判断病原体的存在。

这种方法通过直接在病毒感染的细胞上应用特异性荧光标记的抗体，能够直观地观察到病毒在细胞内的分布和感染情况。与电镜检测和间接血凝实验相比，免疫荧光技术显示出更高的敏感性，在病毒浓度较低的情况下也能检测到病毒的存在；在培养的感染细胞上也可以通过间接免疫荧光方法观察到了荧光现象（见图 4-11）。

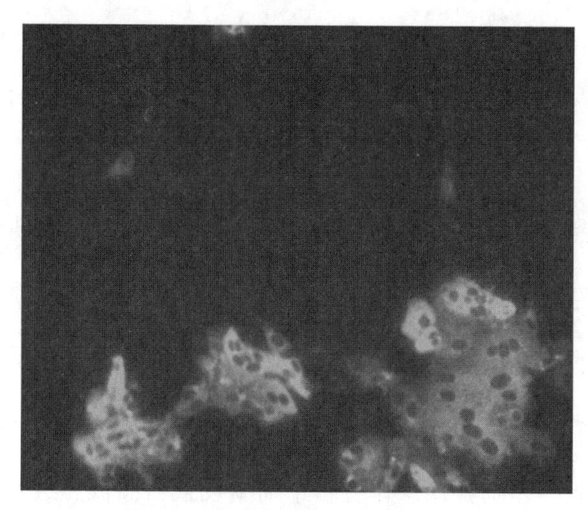

图 4-11　间接免疫荧光检测 PEDV

在直接免疫荧光法与间接免疫荧光法的比较中，直接免疫荧光法的检验结果更为精确。这是因为直接免疫荧光法能够直接观察到病毒与特异性抗体的结合情况，减少了中间环节可能带来的误差。此外，直接免疫荧光法还具有操作简便、结果易于判读等优点，使它在临床实践中具有一定的应用价值。

然而，尽管免疫荧光法具有较高的特异性和准确性，但在实际应用中仍存在一些问题。首先，由于该方法需要一定的操作时间和技能，对于快速诊断的需求可能无法满足。其次，免疫荧光法容易出现假阳性结果，这可能是由于非特异性结合或样本污染等原因导致的。因此，在使用免疫荧光法进行诊断时，需要综合考虑多种因素，如样本类型、检测方法的选择和结果解读等，以确保诊断结果的准确性和可靠性。

（三）酶联免疫吸附实验

酶联免疫吸附实验（ELISA）作为世界卫生组织（WHO）推荐的标准检测病毒方法，其在猪流行性腹泻病毒（PEDV）的检测中应用广泛。ELISA技术凭借其高灵敏度、高特异性以及简便易行的特点，在病毒诊断领域占据重要地位。

ELISA 技术的最大优势在于能够直接检测猪粪便中的病毒抗原，这对于PEDV 等肠道疾病的快速诊断具有重要意义。近年来，随着技术的不断进步，ELISA 方法也得到了进一步的发展和完善，如竞争阻断 ELISA（ELISA-blocking）、斑点酶联免疫吸附实验（Dot-ELISA）和快速 ELISA 等方法的出现，进一步提高了检测的灵敏度和准确性。

传统 ELISA 方法虽然在检测免疫接种后长达 7 至 13 d 的 PEDV 抗体方面展现出一定能力，但在应对腹泻症状消退后 2 至 3 周恢复期的血清样本时，其效能却遭遇了瓶颈。这一局限性促使科研工作者不断探索新的解决方案，以拓宽 ELISA 技术的应用边界。

为了突破这一瓶颈，研究者们引入了 ELISA-blocking 技术，该技术凭借其卓越的稳定性，能够精准捕捉到存在时间长达至少一年的 PEDV 抗体，这一突破为进行长期、深入的流行病学调查研究开辟了新途径，对理解病毒传播规律、评估免疫策略效果具有不可估量的价值。

同时，Dot-ELISA 方法作为另一项创新成果，以其相对于传统琼脂扩散实验更为显著的敏感性和重复性优势，成为了 PEDV 快速筛查领域的一颗新星。该方法的引入，不仅简化了检测流程，提高了检测效率，还确保了检测结果的准确性和可靠性，为 PEDV 疫情的及时防控提供了强有力的技术支持。

在 PEDV 的 ELISA 检测中，抗原的选择对于提高检测的敏感性和特异性至关重要。

五、分子生物学方法

核酸探针杂交法因其操作烦琐、耗时较长，且对操作者的分子生物学技能要求较高，在临床实践中的普及遭遇了不少障碍。相比之下，逆转录-环介导等温扩增技术（RT-LAMP）作为一种创新的快速检测技术，在多个领域如胚胎性别鉴定、细菌及病毒检测中迅速崭露头角，特别是在 PED（猪流行性腹泻）的检测上展现了巨大潜力。

RT-LAMP 相较于传统的 RT-PCR 方法，在检测效率、操作安全性及特异性方面均表现出显著优势。其检测流程更为简洁，大大缩短了等待结果的时间，使得疾病诊断更加迅速高效。同时，由于 RT-LAMP 在恒温条件下进行，减少了温度循环带来的污染风险，保障了检测结果的准确性。更为突出的是，该技术能够精准区分 PEDV 与其他易混淆的病毒种类，如猪传染性胃肠炎病毒和猪繁殖与呼吸综合征病毒，展现出超乎寻常的敏感性和特异性，为临床快速、准确识别 PED 提供了强有力的技术支持。

（一）核酸探针杂交

核酸杂交技术是一种强大的分子生物学工具，它允许研究者通过核酸探针直接检测细胞内的特定靶核酸序列。该技术的主要优点在于能够在不破坏组织或细胞完整性的前提下进行，从而允许在更接近自然状态的环境中研究核酸的复制、表达以及病毒在细胞内的传播。此外，核酸杂交技术还能对细胞内的病毒核酸进行精准定位，为理解病毒在宿主细胞中的生命周期和致病机制提供了重要信息。

在针对猪流行性腹泻病毒（PEDV）的研究中，研究者设计了针对 *M* 基因的 cDNA 探针，并成功地利用这种探针检测到了自然感染猪小肠组织中的 PEDV，进一步确定了该病毒在小肠中的位置。这一发现对理解 PEDV 的致病机制以及开发有效的预防和治疗策略具有重要意义。

然而，尽管核酸杂交技术具有诸多优点，但其操作程序相对复杂，耗时较长，且需要精湛的技术。这些因素限制了该技术在临床上的广泛应用。为了克服这些挑战，研究者们正在积极寻求简化操作程序、缩短检测时间以及提高检测灵敏度和特异性的方法。

例如，可以通过优化探针设计、改进杂交条件以及引入自动化操作等方式来简化核酸杂交技术的操作程序。此外，还可以结合其他分子生物学技术，如 PCR、微阵列和下一代测序技术等，来提高检测的灵敏度和特异性。这些方法的应用将有助于推动核酸杂交技术在临床诊断、病原体检测和疾病防控等领域的应用。

（二）聚合酶链式反应（PCR 技术）

1. 反转录-聚合酶链反应

反转录-聚合酶链反应（RT-PCR）方法在病毒检测领域的应用已经变得非常广泛，其受欢迎程度主要源于其独特的优势。相较于传统的检测手段，RT-PCR 展现出了更高的灵敏性、更强的特异性、更简便的操作流程、更短的检测时间以及适用于群体检测的特点。这些优点使 RT-PCR 在病毒诊断、病原体筛查和疾病防控等方面具有不可替代的作用。

RT-PCR 方法的灵敏性使它能够检测到非常低浓度的病毒 RNA，如吴学敏等的研究所示，他们基于 PEDV CV777 株的 *M* 基因序列建立了 PEDV 的 RT-PCR 检测方法，并成功检测到 PEDV 浓度为 100 pg/μL 的 RNA，这充分证明了 RT-PCR 在病毒检测中的高灵敏度。当前检测中也有相当大一部分使用的 *N* 基因来设计引物，因为 *N* 基因也相对保守。

此外，RT-PCR 方法的特异性也非常强，它能够精确地区分目标病毒与其他病原体，减少误诊和漏诊的可能性。这种高特异性使 RT-PCR 在复杂样本的检测中表现出色，如可以从细胞毒和粪便毒等复杂的生物样本中准确地检测出病毒。

除了灵敏性和特异性外，RT-PCR 还具有操作简便、检测时间短等优点。与传统的培养方法相比，RT-PCR 无须长时间的病毒培养过程，大大缩短了检测时间。同时，RT-PCR 的操作流程也相对简单，只需要进行少量的样本处理和 PCR 扩增步骤，即可完成病毒的检测。

然而，虽然 RT-PCR 方法具有诸多优点，但也有其局限性。例如，RT-PCR 方法对于福尔马林固定组织样品的检测效果并不理想。这是因为福尔马林固定过程中会破坏 RNA 的结构，导致 RT-PCR 无法有效地扩增出目标片段。但是，对其他类型的样本，RT-PCR 方法与免疫组织化学和原位杂交等方法一样，都能够有效地检测到病毒。

2. 逆转录-环介导等温核酸扩增技术

逆转录-环介导等温核酸扩增技术（RT-LAMP），作为分子生物学领域的一项前沿创新，凭借其无与伦比的便捷性、卓越的敏感度和高度的特异性，在众多科研与实践领域中展现出了广阔的应用前景，尤其是在动物胚胎性别鉴别及病原微生物（包括细菌和病毒）的快速筛查方面。针对猪流行性腹泻（PED）这一畜牧业中的重大挑战，RT-LAMP 技术更是提供了一种革命性的快速诊断解决方案。

该技术的核心在于其精妙地融合了逆转录（RT）与环介导等温扩增（LAMP）两大关键技术环节。首先，通过高效的逆转录酶作用，将病毒样本中的 RNA 直接转化为 cDNA，这一步骤为后续的 DNA 扩增奠定了基础。紧接着，在恒定的温度条件下，利用精心设计的四至六个特异性引物，以及 Bst DNA 聚合酶的强大催化能力，RT-LAMP 技术能够在极短的时间内实现目标 DNA 片段的指数级扩增，整个过程无须复杂的温度循环，大大简化了操作流程并缩短了检测时间。

相较于传统的 RT-PCR 技术，RT-LAMP 具有显著的优势。首先，RT-LAMP 在恒温条件下进行，无须复杂的热循环设备，大大简化了操作流程，并缩短了检测时间。其次，由于 RT-LAMP 在封闭体系中进行扩增，减少了污染的可能性，提高了检测的准确性。在实验操作中发现，等温扩增不太准确，常出现污染，对环境条件要求较高。这可能是由于等温扩增的酶要求温度低，对链的延伸的纠错机制不够精确。此外，RT-LAMP 技术还具有高特异性，能够准确区分目标病毒与其他病原体，为疾病的快速诊断提供了有力支持。

在猪流行性腹泻的诊断中，RT-LAMP 技术展现出了出色的性能。RT-LAMP 方法较传统 RT-PCR 和 ELISA 更为敏感，能够从临床样本中检测到病毒，并且能够有效地将 PED 病毒与其他常见的猪病毒如猪传染性胃肠炎病毒、猪轮状病毒、猪伪狂犬病病毒、猪繁殖和呼吸综合征病毒以及猪传染性支气管炎病毒区分开来。这一特点使 RT-LAMP 技术在猪流行性腹泻的快速诊断中具有重要的应用价值。

3. 套式 RT-PCR

套式 PCR（Nested PCR），作为一种常见的分子生物学诊断技术，以其特异性高、敏感性强，在病毒性疾病的快速精准诊断中占据了重要地位，尤其是在处理诸如猪轮状病毒腹泻、猪传染性胃肠炎及猪流行性腹泻等紧急疫情时更显优势。该技术巧妙之处在于其独特的双重引物设计策略：首先，利用外层引物进行初步 PCR 扩增，这一步旨在从复杂样本中初步富集目标 DNA 片段；随后，以前述扩增产物作为模板，采用更为特异性的内部引物进行第二轮 PCR，实现目标序列的深度挖掘与精准放大。

通过这种“套中套”的扩增方式，套式 PCR 不仅有效排除了非特异性扩增产物的干扰，还显著增强了检测信号的强度，即使在极低的病毒载量下也能实现可靠检测。因此，它成为了病毒性疾病快速诊断领域中不可或缺的有力工具，为疫情的早期发现与控制提供了强有力的技术支持。

套式 PCR 的广泛应用不仅提高了病毒性疾病的诊断效率和准确性，还为病毒的溯源、进化分析以及流行病学研究提供了强有力的技术支持。随着分子生物学技术的不断发展和完善，套式 PCR 将在未来的病毒性疾病防控和研究中发挥更加重要的作用。

4. 实时荧光定量 RT-PCR

实时荧光定量 RT-PCR 技术，作为 PCR 技术的一次革新性飞跃，其核心在于将荧光监测直接融入 PCR 扩增过程中。通过在反应液中加入特制的荧光探针或染料，该技术能够实时捕捉并量化 PCR 反应中荧光信号的累积，从而实现对目标核酸序列的全程、动态监控。这一设计不仅极大地提升了检测的灵敏度，即便是微量的病毒 RNA 也能被精准捕捉，同时也确保了检测结果的特异性，有效避免了非特异性扩增的干扰。

尤为值得一提的是，实时荧光定量 RT-PCR 巧妙地利用了 PCR 扩增的指数增长特性，即 *Ct* 值（循环阈值）与初始模板量的对数呈线性关系。这一发现使得通过简单测量 *Ct* 值，便能准确推算出样本中病毒的起始拷贝数，实现了从单纯的“有无”判定到精确的“多少”量化的跨越。

在医学诊断与病毒学研究中，实时荧光定量 RT-PCR 技术展现出了无可比拟的优势。它不仅能够迅速确认 PEDV 等病原体的存在，更重要的是，通过精确的病毒载量分析，为疾病的早期诊断和病情评估提供了强有力的数据支持。医生可以根据患畜样本中的病毒含量，判断其感染阶段、评估病情严重程度，并据此制定个性化的治疗方案。

具体而言，该技术通过构建 *Ct* 值与起始模板量之间的数学模型，实现了对未知样品中病毒起始拷贝数的直接计算。这一数值不仅反映了病毒在体内的复制活跃程度，也间接揭示了患畜的免疫应答状态和疾病进展趋势，为临床决策提供了宝贵的参考信息。因此，实时荧光定量RT-PCR技术无疑是现代医学诊断领域中的一项重要利器，其在病毒检测、基因表达分析、疾病监控及疗效评估等方面均有着广泛的应用前景。

第五节　鉴别诊断

猪流行性腹泻的确诊需综合流行病学调查、临床及病理学观察以及实验室检测。鉴于其与猪传染性胃肠炎和轮状病毒在流行病学、临床症状和病理变化上的相似性，详细调查饲养管理、疫苗接种史、发病史和疫情流行情况对初步判断至关重要。同时，细致观察病猪的临床表现和小肠病变，并借助病毒分离鉴定、微量血清中和实验、免疫电镜以及酶联免疫吸附测定（ELISA）等实验室检测手段，以准确鉴定病毒种类。这样的综合诊断流程能确保猪流行性腹泻的确诊准确无误。

一、猪流行性腹泻与传染性胃肠炎的鉴别诊断

冬春季节，随着气温的骤降，猪腹泻病进入高发期，其中病毒性腹泻对猪场构成了巨大的威胁。

在众多病毒性腹泻疾病中，猪传染性胃肠炎（TGE）与猪流行性腹泻（PED）以它们惊人的传播速度和相近的临床表现而显得尤为棘手。这两种病毒在微观结构、流行病学规律及临床症状上展现出的高度相似性，成为了临床诊断中的一大挑战，极易引发误诊与漏诊，从而错失了宝贵的治疗窗口。

因此，对于养猪业而言，能够精准且迅速地鉴别出 TGE 与 PED，不仅是确保疾病得到及时控制的关键，也是维护猪群健康、保障养殖业稳定发展的重要一环。

尽管这两种病毒引发的疾病在流行病学、临床症状以及剖检变化等方面存在诸多相似之处，但由于缺乏肉眼可见的显著差异，导致鉴别诊断变得相当困难，临床上很容易出现误诊。值得注意的是，这两种疾病目前均没有特效的治疗药物。为了应对这一挑战，近年来一些猪场或养猪户开始尝试使用古老的返饲技术来防治这两种疾病，并取得了一定的疗效。

（一）临床表现

传染性胃肠炎（TGE）和猪流行性腹泻（PED）的误诊情况是临床常见情况，原因主要有三点：首先，两者在临床症状和剖检病变上缺乏明显的特征性差异；其次，它们的发病高峰期都集中在冬春季节；最后，这两种疾病的传染性强，可以影响任何年龄的猪只，特别是乳猪的发病率和死亡率都很高，而成年猪则较少死亡。

传染性胃肠炎在猪群中具有显著的季节性特征，主要高发于深秋、冬季及早春时节，这一时期寒冷的气候条件可能促进了病毒的传播与感染。该病毒通过消化道和呼吸道两种途径侵入猪体，展现出强大的传染能力。

对于 7 d 龄内的哺乳仔猪而言，传染性胃肠炎的危害尤为严重，其病死率可高达惊人的 100%，这主要归因于幼龄仔猪的免疫系统尚未发育完善，难以有效抵御病毒的侵袭。病猪的临床表现极为典型，包括突发性的呕吐和腹泻，这些症状会在短时间内迅速扩散至整个猪群，造成疫情的快速蔓延。

受感染的仔猪会迅速出现脱水症状，这是由于严重的腹泻导致体内水分和电解质大量流失所致。对于 7 d 龄以内的仔猪来说，这种脱水状态往往是致命的，它们可能在短短的 2～4 d 内就因衰竭而死亡，死亡率接近 100%。然而，随着猪只年龄的增长和免疫力的逐渐增强，30 日龄后的仔猪在面对传染性胃肠炎时，其死亡率会显著降低。

（二）病原特征

猪传染性胃肠炎病毒（TGEV）和猪流行性腹泻病毒（PEDV）均属于冠状病毒科，它们在高温条件下均表现出脆弱性，即在 65 ℃下加热 10 min 即可被灭活。同样地，当暴露在阳光下时，这两种病毒在 6～8 h 内也会失去活性。然而，在阴暗环境中，它们却能在 7～10 d 内保持感染力。

传染性胃肠炎病毒（TGEV），作为一种典型的囊膜病毒，展现出了形态多样的特性，其身影遍布于猪的全身，从内脏到体液，再到排泄物，无一不受到其侵扰。尤为显著的是，在病猪的空肠、十二指肠以及肠系膜淋巴结这些关键部位，TGEV 的浓度达到了巅峰，成为了病毒肆虐的主要战场。然而，TGEV 的生存能力却颇为有限，它对高温环境极为敏感，一旦暴露在 56 ℃的环境中长达 45 min，便会丧失其活性，展现出了明显的热不稳定性。此外，TGEV 还对氯仿、乙醚等脂溶性溶剂表现出高度的敏感性，意味着常见的消毒剂即可轻松将其消灭，体现了其化学脆弱性。更有趣的是，自然光中的紫外线也是 TGEV 的天敌，仅仅 6 h 的阳光直射就能使其失去活力，而直接的紫外线照射更是能迅速终结其存在，揭示了其光敏性的特点。

（三）流行特点

TGEV 病毒专感染猪，其他动物不发病但能排出病毒。病猪和带毒猪为

主要传染源，通过多种途径传播病毒，污染环境并感染健康猪。疫情多发于寒冷季节，新疫区常由带毒猪或媒介引入。初次暴发时感染全面，幼猪死亡率高。地方流行区母猪乳汁抗体保护哺乳仔猪，但断奶后仔猪易感，疫情延续。

TGEV 病毒引起的猪病全年可发，但冬春高发，特别是我国 12 月至翌年 2 月。病毒经口鼻感染小肠，繁殖后损伤细胞，致肠绒毛萎缩，减少吸收面积，影响营养吸收，引发渗透性腹泻和脱水，致仔猪高死亡。主要感染途径为消化道，各年龄段猪易感，特别是哺乳期仔猪，母猪发病率也较高，潜伏期因猪龄和毒株毒力而异。

在 TGE 病毒的侵扰下，未满 10 日龄的幼小猪只成为了最易感且受害最重的群体，其发病率与病死率均居高不下，形成了严峻的挑战。相比之下，那些已经断奶、处于育肥阶段乃至成年的猪只，即便不幸中招，其病情表现也相对较为缓和，不至于造成过于惨重的后果。此外，TGE 病毒的流行具有明显的季节性特征，它更倾向于在冬春之际的寒冷天气中肆虐，且往往呈现出地方性的流行趋势。而 PED 病毒则展现出了更为广泛的攻击范围，它不分年龄、性别，对所有阶段的猪只都构成了潜在的威胁，其发病率之高，甚至可达惊人的 100%。在这其中，哺乳期的小猪仔成为了最为脆弱的群体，它们所遭受的打击最为沉重。尽管育肥猪的发病率同样居高不下，但幸运的是，它们的生存能力相对较强，病死率因此得以控制在较低水平。与 TGE 病毒相似，PED 病毒也偏爱在冬春季节发威，但值得注意的是，其发病并不局限于这两个季节，而是全年都有可能发生。

（四）临床症状

1. TGE 临床表现

哺乳期仔猪易突发 TGEV 感染，初现呕吐后转为水样腹泻，粪便含未消化物，精神萎靡、脱水、消瘦，2～5 d 内高死亡率，尤其 10 日龄内仔猪。随日龄增长，耐受力增强，但康复后生长受阻。幼猪症状较轻，病程一周，可恢复。成年猪多无症状或轻微腹泻，但哺乳母猪可能受感染出现体温升高、泌乳停止等症状。

2. PED 临床表现

哺乳仔猪日龄小则病程短、死亡率高，常呕吐、腹泻致死。保育猪和育肥猪虽发病率高但死亡率低，成年猪多无症状，少数有轻度腹泻。妊娠母猪症状轻，但哺乳期母猪发病则表现严重衰弱、高热、泌乳停止、呕吐腹泻。

二、猪流行性腹泻与轮状病毒的鉴别诊断

猪轮状病毒（PoRV）作为呼肠孤病毒科的一员，也是导致仔猪腹泻的重要原因之一。PoRV 感染的临床症状主要包括腹泻、呕吐和脱水，且近年来在仔猪腹泻病例中的检出率呈上升趋势。猪 A 型轮状病毒感染常见于猪场，影响各年龄段猪只，尤以 7～10 日龄仔猪首发。在欧洲多呈亚临床型，美国则存在致病性毒株。该病毒侵害肠细胞，干扰消化，当环境压力增大时引发腹泻。诊断需采急性期粪便样品，运用电子显微镜、乳胶凝集实验、免疫荧

光或 PCR 等技术确诊。

（一）临床症状

猪流行性腹泻主要表现为水样腹泻，粪便呈黄色或灰黄色，带有恶臭气味。各种年龄的猪只都能感染，但哺乳仔猪受害最严重，发病率和死亡率较高。同时，病猪可能伴有呕吐，体温基本正常。

轮状病毒同样表现为水样腹泻，但可能伴有发热、腹痛等症状。呕吐和腹泻症状在感染后短时间内出现，腹泻物多为水样或稀糊样。

（二）病理变化

猪流行性腹泻的核心病理改变主要在小肠区域，其显著特征为肠管显著膨胀，内部充盈着大量黄色的液体，这一现象直观地揭示了肠道功能的严重受损。进一步观察，可发现肠壁组织变得很薄，同时小肠绒毛也经历了显著的萎缩过程，这可能是由于肠绒毛上皮细胞感染后，细胞脱落。据研究人员报道 PEDV 也可以感染隐窝细胞，而隐窝细胞可以分化出上皮细胞和肠道其他组织细胞，隐窝细胞被感染后肠道修复能力变差，上皮细胞脱落后肠道变得薄而透明，肠道水分无法吸收，仔猪脱水，渴欲增加，喝水多，水到十二指肠后，与排到肠道的胆汁混合，看上去像黄色的水样稀便。

而轮状病毒虽然同样主要影响小肠，但其导致的病理变化却展现出与 PED 不同的细节。例如，在轮状病毒感染的情况下，小肠绒毛的萎缩可能呈现出更为严重的态势，甚至可能伴随有肠道黏膜的脱落现象，这些细微的差别提示在诊断时需更加细致入微，以便准确区分这两种病原体的影响。

（三）流行特点

猪流行性腹泻的肆虐范围极为广泛，其发病率在哺乳仔猪、架子猪及育肥猪中有时可攀升至惊人的 100%，其中哺乳仔猪更是首当其冲，遭受着最为严重的打击，死亡率居高不下。而母猪虽然也面临感染风险，但其发病率相对较为波动，介于 15%～90%。

至于轮状病毒，其发病率与死亡率则成为了一个复杂的变量组合，既受猪只年龄的影响，也取决于具体病毒株的毒力强度。不过，可以明确的是，哺乳仔猪作为易感群体，在遭遇轮状病毒时，往往也会面临较大的健康威胁。

（四）诊断方法

猪流行性腹泻的实验室检测包括病毒的分离鉴定、微量血清中和实验、免疫电镜以及酶联免疫吸附测定（ELISA）等。

轮状病毒的实验室检测可以通过大便的常规检查、病毒分离培养等方法进行。

猪流行性腹泻与轮状病毒在临床症状、病原特征、病理变化、发病率和死亡率以及诊断方法上存在一定差异。通过仔细观察临床症状、进行病原学检测和病理组织学检查，可以准确鉴别诊断这两种疾病。在养猪业中，对这两种疾病的准确鉴别诊断对疾病的防控和治疗具有重要意义。

三、猪流行性腹泻与伪狂犬的鉴别诊断

猪流行性腹泻与伪狂犬病的临床鉴别诊断需要综合考虑两者的流行病

学特征、临床症状、病理变化以及实验室诊断结果。

（一）临床症状

猪流行性腹泻的显著临床特征为水样腹泻的频繁发作，排出的粪便色泽灰暗或灰黄，并伴有令人作呕的恶臭。此外，患病猪只常伴随呕吐症状，尤其是在进食或哺乳后，呕吐症状可能加剧。同时，病猪的体温会异常升高，精神状态萎靡不振，食欲明显下降甚至拒绝进食。对于哺乳期的仔猪而言，脱水问题尤为严重，尤其是年龄在一周以内的病猪，其死亡率可高达 50%，凸显了 PED 对幼龄猪只的严重威胁。

伪狂犬病则展现出截然不同的临床表现。病猪初期可能出现类似流感的症状，如咳嗽、打喷嚏等，随后病情可能迅速恶化，出现高热、下痢及呼吸困难等严重症状。在生殖系统方面，伪狂犬病还可能引发母猪的繁殖障碍，如流产、死胎等不幸后果。值得注意的是，虽然成年猪感染伪狂犬病后症状可能相对较轻，但妊娠母猪仍需特别警惕，以免遭受繁殖损失。

（二）病理变化

在猪流行性腹泻的病理进程中，小肠成为了病变最为显著的区域。肠管显著扩张，内部充盈着大量黄色的液体，这一变化直观地反映了肠道功能的严重受损。进一步观察，肠壁变得异常薄弱且透明，仿佛失去了原有的坚韧与支撑，同时小肠绒毛也经历了显著的缩短，这些变化共同揭示了 PED 对肠道结构的深刻影响。此外，肠系膜淋巴结也呈现出明显的水肿状态，进一步印证了疾病在体内的广泛传播与影响。

伪狂犬病的病理表现则更为复杂多样。肺部作为重要的受累器官之一，出现了水肿现象，当切开时，可观察到流出带有泡沫状的液体，这是肺部病变的直观体现。气管部位则可能形成溃疡，胃底部黏膜也遭受了炎症的侵袭。此外，脾脏、肝脏、肾脏等多个器官均出现了不同程度的病变。脾脏肿胀、充血、出血，并散布着灰白色的坏死灶；肝脏上同样可见坏死灶，而胆囊则异常肿大；肾脏不仅肿大，还伴有肾盂积水的现象；脑膜也呈现出明显的充血状态；膀胱内膜则因水肿而显得异常。这些广泛的病理变化共同构成了伪狂犬病的复杂病谱。

（三）流行特点

猪流行性腹泻的流行高峰主要集中在每年的冬季，尤其是从 12 月开始至次年的 2 月，这一时期由于气候寒冷和环境条件的变化，为病毒的传播提供了有利条件。不过，在夏季也有偶发的病例报告。值得注意的是，PED 更倾向于侵袭那些饲养管理存在疏漏、卫生状况不佳的猪场，这提示良好的饲养管理和卫生条件是预防 PED 的关键。在易感动物方面，虽然各年龄段的猪只都有可能感染 PED，但哺乳期的仔猪由于免疫系统尚未发育完善，因此成为发病率和死亡率最高的群体。

伪狂犬病则是一种由伪狂犬病病毒（PRV）引发的急性传染性疾病，其影响范围广泛，不仅限于家畜，还涉及多种野生动物。从全球范围来看，伪狂犬病呈现出世界性流行的特点，特别是在养猪业高度发达的地区，其发病率和流行程度更为显著。然而，伪狂犬病的发病率和死亡率并非固定不变，它们受到多种因素的共同影响，包括但不限于病毒株的毒力强度、感染猪只的年龄大小以及个体的免疫状态等。这些因素之间的相互作用，使伪狂犬病的防控变得复杂而具有挑战性。

（四）实验室诊断

猪流行性腹泻可通过病毒分离鉴定、ELISA 实验、免疫电镜等方法检测猪流行性腹泻病毒。

伪狂犬病可通过病毒分离、PCR、荧光定量 PCR 和血清学检测等方法检测伪狂犬病病毒。

猪流行性腹泻与伪狂犬病在流行病学特征、临床症状、病理变化以及实验室诊断方面存在显著差异。通过综合比较这些方面的信息，可以准确鉴别诊断这两种疾病。在养猪业中，对这两种疾病的准确鉴别诊断对疾病的防控和治疗具有重要意义。

四、猪流行性腹泻与猪传染性腹泻的鉴别诊断

猪流行性腹泻与猪传染性腹泻在临床上的鉴别诊断主要基于病原、流行病学特征、临床症状以及病理变化等方面。

（一）临床症状

猪流行性腹泻（PED）的主要症状表现为水样腹泻，黄色或灰黄色，粪便带有恶臭气味。呕吐常见于哺乳和进食之后。病程稍长的病猪会脱水，年龄越小，脱水越严重。最初体温正常或稍偏高，病程后期可能下降。

猪传染性腹泻的症状可能因病原体而异，但通常也包括腹泻、呕吐、脱水等。粪便颜色、气味和质地可能因病原体不同而有所差异。体温变化也可能因病原体和猪只的年龄而异。

（二）病理变化

猪流行性腹泻主要病变在小肠，肠管扩张，含有大量黄色液体，肠壁变薄，小肠绒毛缩短。肠系膜淋巴结水肿。

猪传染性腹泻的病理变化可能因病原体而异，但通常也包括胃肠道的炎症、水肿和出血等。其他器官（如淋巴结、肝脏等）也可能出现相应的病理变化。

（三）流行特点

猪流行性腹泻（PED）由猪流行性腹泻病毒（PEDV）引起，属于冠状病毒科。猪传染性腹泻可能由多种病原体引起，包括但不限于大肠杆菌、沙门氏菌等。

猪流行性腹泻（PED）展现出明显的季节性特征，尤其偏好冬春寒冷时节暴发。在这场疾病面前，各年龄段的猪只均非安全之地，然而，哺乳期的仔猪却成为了最为脆弱的群体，它们所承受的打击最为沉重。在极端情况下，哺乳仔猪、处于成长阶段的架子猪以及旨在增重的育肥猪，其发病率可骤升至惊人的 100%，其中哺乳仔猪的受害程度尤为触目惊心。相比之下，母猪虽然也面临感染风险，但其发病率则相对波动，介于 15%～90%之间。

另一方面，猪传染性腹泻则呈现出一种更为复杂的发病模式，其发病季节可能贯穿全年，但值得注意的是，某些特定病原体，如大肠杆菌，往往会选择在冬季等特定时段加剧其肆虐之势。这种腹泻同样威胁着各个年龄段的猪只，但不同病原体对猪只的易感性和致病性却存在着显著差异，这意味着防控策略需要更加精准地针对具体病原体和猪只的年龄特征来制定。

（四）实验室诊断

猪流行性腹泻可通过电镜观察病毒粒子，或接种于体外细胞培养，观察细胞病变。

猪传染性腹泻可从粪便或病变组织中分离细菌，并进行生化实验和血清型鉴定。常见的病毒学检查，如 PCR 等分子生物学技术可用于检测病毒。

猪流行性腹泻与猪传染性腹泻在临床上的鉴别诊断主要基于病原、流行病学特征、临床症状以及病理变化等方面。猪流行性腹泻由 PEDV 引起，具有特定的流行病学特征和临床症状，而猪传染性腹泻可能由多种病原体引起，其临床症状和病理变化可能因病原体而异。通过实验室诊断可以准确鉴别这两种疾病。

五、猪流行性腹泻与博卡病的鉴别诊断

猪流行性腹泻与博卡病的临床鉴别诊断需要综合考虑两者的流行病学特征、临床症状、病理变化以及实验室诊断结果。

（一）临床症状

猪流行性腹泻（PED）主要表现为水样腹泻，呕吐和脱水。哺乳期仔猪受害最为严重，严重腹泻后脱水导致死亡。粪便呈黄色黏稠样或水样，有时混有未消化的凝乳块。

博卡病主要表现为咳嗽、发热、喘息、腹泻等症状。在婴幼儿中，常见症状为肺炎、支气管炎和支气管肺炎等。腹泻症状通常较轻，与其他呼吸道

症状并存。

（二）病理变化

猪流行性腹泻（PED）的小肠出现明显的病理变化，如肠管扩张，肠壁变薄，小肠绒毛缩短等。

博卡病的病理变化主要集中在呼吸道，如肺部水肿、气管溃疡等。消化道病理变化通常较轻或不显著。

（三）流行特点

猪流行性腹泻（PED）的发病模式展现出一定的季节性规律，其主要在冬春季节等寒冷时段更为常见。然而，随着现代养猪业规模的持续扩大，这种原本明显的季节性发病特点正逐渐变得模糊，不再局限于特定季节。在易感性方面，PED 呈现出跨年龄段的广泛分布，无论是幼猪还是成年猪，均有可能受到感染。至于其潜伏期，通常介于 5～8 d 之间，这为疾病的防控提供了一定的时间窗口。

博卡病作为一种由博卡病毒引发的疾病，其关注点更多地转向了人类健康领域，特别是与急性呼吸道感染之间存在的紧密联系。从症状上来看，博卡病的表现与普通感冒颇为相似，难以仅凭症状进行准确区分。在人群分布上，博卡病更倾向于侵袭 6 个月至 3 岁之间的婴幼儿群体，且秋冬季为其高发季节。值得注意的是，尽管博卡病毒在过去曾在动物之间传播，但其传染性相对较弱，并未引起大规模的动物疫情。

（四）实验室诊断

猪流行性腹泻（PED）可通过病原学诊断、血清学诊断以及分子生物学方法进行确诊。常用的实验室诊断方法包括病毒分离鉴定、ELISA实验等。

博卡病主要通过病毒学检测、血清学检测等方法进行确诊。对于博卡病毒的检测，可使用 PCR 等分子生物学技术。

猪流行性腹泻与博卡病在流行病学特征、临床症状、病理变化以及实验室诊断方面存在显著差异。猪流行性腹泻主要影响猪群，尤其是哺乳期仔猪，以水样腹泻和脱水为主要症状；而博卡病主要与人类急性呼吸道感染相关，常见于婴幼儿，表现为呼吸道症状和较轻的消化道症状。通过综合比较这些方面的信息，可以准确鉴别诊断这两种疾病。在养猪业中，对这两种疾病的准确鉴别诊断对于疾病的防控和治疗具有重要意义。

六、猪流行性腹泻与仔猪红痢的临床鉴别诊断

猪流行性腹泻、仔猪黄痢和仔猪红痢是三种不同的猪病，它们的临床鉴别诊断可以从以下几个方面进行。

（一）临床症状

猪流行性腹泻的病猪出现水样腹泻，粪便黄色或灰黄色，带有恶臭。常伴有呕吐，体温基本正常。

仔猪红痢排出血性粪便。病程短，病死率高。仔猪在出生后仅 5～6 h

内即可能发病，病情发展迅猛，通常在发病当天或第二天就不幸死亡。然而，也有少数仔猪在出生后症状并不明显，初始时吃奶正常且精神尚佳，但随后会突然停止进食，精神迅速萎靡，甚至在没有出现腹泻症状的情况下就迅速死亡。对于病情稍微持续的仔猪，它们会表现出拒食、萎靡不振、步态不稳、极度怕冷、四肢乏力、行走摇晃等症状，同时还会腹泻，排出带有恶臭和气泡的红色糊状粪便，污染其身后部位。这些患病仔猪通常在1～2 d内死亡，体温会升高至40 ℃。

（二）病理变化

猪流行性腹泻的小肠出现明显的病理变化，如肠管扩张，肠壁变薄等。

在对罹患仔猪红痢的病死猪进行细致剖检时，揭示了一系列引人注目的病理特征，这些特征主要集中于小肠后段的显著变化。首先，腹腔内不寻常地充盈着红黄色浑浊液体，这一异常积液现象为初步诊断提供了重要线索。深入探查小肠，特别是空肠区域，发现肠壁颜色异常加深，呈现出深红色泽，与周围健康肠段形成鲜明对比，强烈暗示着该区域的病变。

进一步剪开病变肠管，流出的是含有微小气泡的液状红色内容物，这一景象直观地展示了肠道内部的严重损伤。同时，肠黏膜的状态也极为糟糕，不仅广泛充血肿胀，还伴有明显的出血点，进一步加剧了肠道的病理改变。更为特征性的是，在受损的肠黏膜表面，覆盖着一层灰黄色、类似麸皮的坏死性假膜，这一病变在坏死肠段的浆膜下、充血的肠浆膜下以及肠系膜内尤为显著，且这些区域还伴有数量不等的小气泡聚集，揭示了病理过程的复杂性。

此外，还注意到肠系膜淋巴结的异常肿大与充血，呈现出红色外观，这很可能是机体对局部感染的一种免疫反应。相比之下，其他内脏器官在检查中并未显现出明显的异常变化，这强调了仔猪红痢病变的特异性与集中性。

（三）流行特点

猪流行性腹泻，作为一种由猪流行性腹泻病毒（PEDV）引发的疾病，具有广泛的感染范围，各年龄段的猪群均有可能中招。然而，在这其中，哺乳期的仔猪成为了最为脆弱的群体，它们不仅发病率高，且死亡率也相对较高，是 PEDV 肆虐的主要受害者。

仔猪红痢，其致病元凶为 C 型产气荚膜梭菌。与仔猪黄痢类似，仔猪红痢也主要侵袭出生不久的仔猪，特别是 1～3 d 龄的个体，而 7 d 龄以上的仔猪则相对较为安全。然而，一旦发病，仔猪红痢的病程往往极为短暂，但病死率却极高，这使得该病的防控工作变得尤为紧迫和关键。

（四）实验室诊断

猪流行性腹泻可通过病毒的分离鉴定、微量血清中和实验等方法进行确诊。而作为细菌性疾病仔猪红痢可通过细菌学检查和病理学检查进行确诊。

七、猪流行性腹泻与大肠杆菌病的鉴别诊断

猪流行性腹泻（PED）与大肠杆菌病的临床鉴别诊断可以基于以下几个方面进行。

（一）临床症状

猪流行性腹泻（PED）的主要症状表现为水样腹泻，粪便呈黄色或灰黄色，伴有恶臭。呕吐常见于哺乳和进食之后。病程稍长的病猪会脱水，年龄越小，脱水越严重。最初体温正常或稍偏高，病程后期可能下降。哺乳仔猪的死亡率较高，可达50%以上。

大肠杆菌病的主要症状表现为腹泻，多为黄色或白色水样便，有时混有血液或黏液。呕吐较少见。同样存在脱水现象，但可能不如 PED 严重。体温升高。死亡率取决于感染菌株的毒力和猪只的年龄，但通常低于 PED。

（二）病理变化

猪流行性腹泻（PED）的核心病理变化聚焦于小肠区域，其显著特征是，肠管发生异常扩张，内部充盈着大量黄色的液体，这一变化直观地反映了肠道功能的紊乱。同时，肠壁组织变得异常薄弱，失去了原有的弹性与支撑力，小肠绒毛也经历了显著的缩短过程，这些变化共同揭示了 PED 对肠道结构的深刻影响。此外，肠系膜淋巴结作为机体免疫系统的重要组成部分，在 PED 中也出现了水肿现象。

而大肠杆菌病则主要侵扰猪的胃肠道系统，其病理变化同样显著。受影响的肠壁会出现充血和水肿的症状，部分区域甚至可能观察到出血点的存在，这些变化都是肠道炎症反应的直接体现。与此同时，淋巴结作为免疫应答的关键节点，在大肠杆菌病中也可能出现肿大的情况，这反映了机体在应对感染时所作出的免疫应答努力。

（三）流行特点

大肠杆菌病的病原为致病性大肠杆菌。主要影响哺乳期和断奶后的仔猪，一年四季均可发生，但冬季和春季较为常见。

（四）实验室诊断

猪流行性腹泻（PED）可通过电镜观察病毒粒子，或接种于体外细胞培养，观察细胞病变。常见的血清学诊断如ELISA实验。

大肠杆菌病从粪便或病变组织中分离大肠杆菌，并进行生化实验和血清学鉴定。血常规和大便常规检查可能显示白细胞增多和/或大便中有细菌。

猪流行性腹泻与大肠杆菌病在病原、流行病学特征、临床症状、病理变化和实验室诊断方面存在显著差异。PED主要由PEDV引起，以水样腹泻和呕吐为主要症状，主要影响哺乳仔猪；而大肠杆菌病由致病性大肠杆菌引起，虽然也表现为腹泻，但症状可能较轻，且影响范围更广。

第五章 免疫学与疫苗

猪流行性腹泻作为一种对养猪业造成重大经济损失的病毒性传染病，其防控策略的研究与开发显得尤为重要。免疫学作为研究机体免疫系统的结构与功能、免疫应答的发生机制及其调节规律的科学，为 PED 的防控提供了理论基础和实践指导。疫苗作为免疫学应用的重要成果，是预防和控制 PED 的关键手段。本章将深入探讨猪流行性腹泻病毒的免疫学特性以及疫苗的研发进展。

第一节　猪流行性腹泻病毒免疫学

一、猪流行性腹泻病毒抗原表位的发现

抗原表位，也被称作抗原决定簇，是抗原分子中那些能与 T 细胞受体（TCR）/B 细胞受体（BCR）或抗体发生特异性结合的特殊化学基团。它们

是激发免疫应答的基石。根据空间构型的不同，抗原表位可细分为线性表位和构象表位。而从与抗原结合的受体细胞类型出发，抗原表位则分为T细胞抗原表位和B细胞抗原表位。

B细胞抗原表位，特指抗原分子表面上那些能被B细胞受体或分泌的抗体精确识别和结合的氨基酸集合。这些表位有能力引导宿主产生体液免疫反应。说到线性B细胞抗原表位，它们通常由3～8个在一级结构上连续的氨基酸残基串联而成。相对而言，构象B细胞抗原表位的氨基酸残基在一级结构上并不连续，但这些残基在天然的抗原分子表面会相互靠近，形成能被抗体特异性识别和结合的构象表位。值得注意的是，B细胞的线性表位与构象表位并非完全独立，有时线性表位甚至是构象表位的一个组成部分。

迄今为止，关于PEDV（猪流行性腹泻病毒）的单克隆抗体报道主要集中在结构蛋白上，尤其是针对S蛋白的单抗数量居首。接下来，我将详细阐述已发表文献中提及的三种结构蛋白（S、M和N蛋白）、一种非结构蛋白（Nsp2）以及PEDV全病毒的单抗及其对应的B细胞抗原表位。

针对S蛋白，它是PEDV的主要表面抗原，具有多个重要的B细胞抗原表位。这些表位能够诱导强烈的体液免疫反应，因此是单抗制备的主要目标。已报道的单抗中，许多都是针对S蛋白的特定表位，这些表位在病毒的感染和免疫逃避机制中起着关键作用。

对M蛋白和N蛋白，虽然它们不像S蛋白那样是主要的免疫原，但也存在一些重要的B细胞抗原表位。这些表位在病毒感染过程中可能起到辅助作用，同时也是单抗制备的潜在目标。

非结构蛋白Nsp2也被报道具有特定的B细胞抗原表位。这些表位可能

与病毒的复制和组装过程相关，因此也是研究病毒生物学特性和制备相应单抗的重要对象。

针对 PEDV 全病毒的单抗则可能识别病毒粒子的多种抗原表位，包括上述提到的结构蛋白和非结构蛋白的表位。这些单抗在病毒的诊断和防治研究中具有重要意义。

（一）S 蛋白单抗及其 B 细胞抗原表位

猪流行性腹泻病毒（PEDV）的 S 蛋白，作为一种重要的糖蛋白，不仅是病毒结构的关键组成部分，还在病毒与宿主细胞的相互作用中发挥着核心作用。近年来，针对 S 蛋白的单克隆抗体（单抗）研究取得了显著进展，这些研究不仅增进了笔者对 PEDV 感染机制的理解，还为疫苗开发和诊断试剂的制备提供了有力支持。

S 蛋白，分子量巨大，结构复杂，包含多个功能区域，每个区域都承担着不同的生物学功能。特别是 S1 和 S2 两个区域，它们在病毒入侵宿主细胞的过程中发挥着至关重要的作用。S1 区负责受体结合，而 S2 区则参与膜融合和信号转导。这种功能上的分工使得 S 蛋白成为抗病毒药物和疫苗设计的关键靶点。

在单抗研究领域，众多学者通过不同的方法和技术制备了一系列针对 S 蛋白的单抗。这些单抗不仅具有高度的特异性，还在病毒中和、抗原表位鉴定等方面展现出强大的应用价值。例如，通过流式细胞术和单细胞 PCR 技术成功制备的猪源单抗 PC10，能够特异性结合并中和不同基因型的 PEDV，显示了其在疫苗研发和抗病毒治疗中的潜力。

另一方面，对单抗识别的抗原表位进行深入研究，有助于更精确地理解

S 蛋白的结构与功能关系。通过噬菌体肽库筛选、肽扫描等技术手段，研究人员成功鉴定了多个单抗识别的核心抗原表位。这些表位信息不仅为 PEDV 的免疫逃逸机制提供了线索，还为基于表位的疫苗设计提供了有力支持。

此外，单抗的制备技术也在不断创新和发展。例如，通过融合 PCR 技术成功构建了 S 蛋白的单链抗体（scFv），这种抗体形式具有更小的分子量和更高的穿透性，有望在 PEDV 的诊断和治疗中发挥重要作用。

（二）M 蛋白单抗及其 B 细胞抗原表位

PEDV 的 M 蛋白，作为一种关键病毒结构组件，以其独特的结构和功能在病毒生命周期中发挥着重要作用。M 蛋白不仅参与病毒粒子的组装和出芽过程，而且具有刺激机体免疫保护和抗病毒防御的能力。近年来，关于 M 蛋白的单克隆抗体（单抗）研究取得了显著成果，为 PEDV 的诊断和治疗提供了新的视角。

M 蛋白由 226 个氨基酸组成，分子量适中，结构独特。其高度保守的序列和特定的结构域使其成为一个稳定且重要的抗原靶点。M 蛋白的糖基化 N 端、C 端以及贯穿囊膜的 α 螺旋区共同构成了其复杂而精巧的结构，使得 M 蛋白在病毒生命周期中扮演着不可或缺的角色。

在单抗研究方面，多位学者通过不同的方法和技术成功制备了针对 M 蛋白的单抗。这些单抗不仅具有高度的特异性，还能精准识别 M 蛋白的特定抗原表位。例如，马宇聪通过间接 ELISA 方法筛选出的单抗 43B6-H2 和 75E2-F3，能够识别同一抗原表位，为 PEDV 的深入研究提供了有力工具。王隆柏团队则通过杂交瘤技术获得了一株特异性极高的单抗（E1），该单抗不与其他病毒或细胞蛋白产生交叉反应，显示出在免疫诊断中的潜在应用价值。而 Zhang 等人利用原核表达的重组蛋白制备的单抗（4D4）则成功鉴定出了一个高度保守的抗原表位，该表位在区分 PEDV 和其他冠状病毒感染时具有显著意义。此外，Kim 等人通过筛选得到的单抗 C9-2-2 在免疫组化（IHC）检测中表现出卓越的反应性和特异性，为 PEDV 的诊断提供了有力支持。这些研究成果不仅丰富了笔者对 PEDV 的 M 蛋白的认识，还为 PEDV 的诊断和治疗提供了新的思路和方法。

（三）N 蛋白单抗及其 B 细胞抗原表位

N 蛋白，这一关键病毒组成部分，由精确的 441 个氨基酸构成，分子量稳定在 55～58kD 范围内。深藏于病毒粒子内部，N 蛋白以其独特的结构在病毒生命周期中发挥着举足轻重的作用。它拥有三个相对保守的结构域：分别是位于蛋白一端的 N-末端，另一端的 C-末端，以及位于两者之间的核心区域——RNA 结合域。正是这个 RNA 结合域与病毒基因组 RNA 紧密结合，共同形成了病毒的核衣壳，从而在病毒的转录、复制以及装配过程中扮演着至关重要的角色。

研究表明，N 蛋白的功能远不止于此。它还具有调控细胞周期的能力，特别是能够延长细胞周期的 S 期，这一发现揭示了 N 蛋白在病毒与宿主细胞相互作用中的复杂性。更令人惊讶的是，N 蛋白还能上调 Bcl-2 和 IL-8 的表达，这两种分子在细胞凋亡和炎症反应中扮演着关键角色。此外，N 蛋白还展现出通过抑制 IFN-β 的产生来逃避机体免疫系统的策略，这进一步凸显了其在病毒感染过程中的多面性。

N 蛋白的序列相对保守，这为其作为诊断靶标提供了可能性。而且，在 PEDV 的结构蛋白中，N 蛋白的含量占比最大，这意味着在病毒感染过程中，它的表达量相对较高。更重要的是，N 蛋白具有出色的免疫原性，能够在病毒感染早期就激发机体产生高水平的抗 N 蛋白抗体。这一特性使 N 蛋白成为 PEDV 感染早期诊断与监测的主要靶标，为兽医和科研人员提供了一种有效的手段来追踪和控制这种病毒的传播。

（四）非结构蛋白 2（Nsp2）单抗及其 B 细胞抗原表位

在猪流行性腹泻病毒（PEDV）的研究领域中，关于其非结构蛋白（Nsp）单克隆抗体（单抗）的研究报道确实相对稀缺，特别是针对 Nsp2 蛋白单抗的研究尤为少见。尽管如此，仍有一些开创性的工作为笔者提供了宝贵的参考，如韩蓉等学者的研究就是一个典型例子。

韩蓉及其团队通过精细的实验设计，成功制备了针对 PEDVNsp2 蛋白的单克隆抗体。他们首先采用了原核表达系统来表达 Nsp2 蛋白，这一步骤确保了蛋白的高效、稳定生产。随后，利用纯化后的 Nsp2 蛋白作为免疫原，对小鼠进行了免疫接种，以激发其产生特异性抗体。通过一系列细胞融合和筛选过程，他们最终从杂交瘤细胞上清中筛选出一株具有高度特异性的 Nsp2 单抗，命名为 6B6。

为了验证这株单抗的特异性和识别能力，韩蓉团队进一步采用了 Western blot 试验。结果表明，6B6 单抗能够特异性地识别原核表达的 Nsp2 蛋白，而不与其他非特异性蛋白发生交叉反应。这一发现不仅证实了 6B6 单抗的高度特异性，也为后续 PEDV 相关研究提供了有力的工具。

Nsp2 蛋白作为 PEDV 非结构蛋白的重要组成部分，在病毒复制和致病过程中发挥着关键作用。因此，针对 Nsp2 蛋白的单抗研究不仅有助于深入理解 PEDV 的生物学特性，还可能为 PEDV 的诊断、预防和治疗提供新的思路和方法。

尽管目前关于 PEDV 非结构蛋白单抗的研究报道较少，但随着科学研究的不断深入和技术手段的不断进步，相信未来会有更多关于这一领域的研究成果涌现。这些研究将为笔者更好地应对 PEDV 等动物疫病的挑战提供有力的支持。

（五）PEDV 全病毒单抗及其 B 细胞抗原表位

在针对猪流行性腹泻病毒（PEDV）的研究中，除了已知靶蛋白的单抗外，还存在一类能够识别 PEDV 全病毒但具体靶蛋白尚未确认的单抗。这些单抗通常是以 PEDV 作为免疫抗原和筛选抗原制备而来，它们在 PEDV 的研究和防控中同样发挥着重要作用。

其中，Gong 等研究者制备的单抗 2G8 和 3D9 具有显著的病毒中和活性，这一发现为 PEDV 的治疗和预防提供了新的可能性。进一步的研究利用噬菌体展示技术，成功筛选得到了 2G8 的一个虚拟表位（HSWHWPSWWAGG）。值得注意的是，这个表位多肽能够诱导小鼠产生针对 PEDV 的中和抗体，然而，将该肽段与 PEDV 编码蛋白进行序列比对时，并未找到同源性较高的序列，这表明该表位可能是一个新型的、独特的 PEDV 中和表位。

另外，单抗 PEDV.1、PEDV.2 和 PEDV.3 也表现出了良好的特异性，它们识别的是同一抗原表位，并且只与 PEDV 特异性结合，不与猪传染性胃肠炎病毒（TGEV）、猪瘟病毒（CSFV）、猪繁殖与呼吸综合征病毒（PRRSV）以及乙型脑炎病毒（JEV）等其他病毒发生交叉反应。这种高度的特异性使这些单抗在 PEDV 的检测和诊断中具有潜在的应用价值。

单抗 5D7 和 3H4 也展现出了对 PEDV 的特异性识别能力，它们不与 TGEV、CSFV、猪伪狂犬病病毒（PRV）、猪细小病毒（PPV）或 Vero 细胞蛋白发生交叉反应。这种特异性识别能力使这些单抗在 PEDV 的研究和防控中具有重要的应用价值。

二、猪流行性腹泻病毒流行毒株之间的抗原性差异

在群体免疫的压力之下，冠状病毒，特别是 PEDV 的 S 基因，展现出了频繁的突变特性。这些突变导致了部分氨基酸的变化，进而使病毒的抗原性发生显著改变，帮助病毒有效逃避已有的免疫防御机制。因此，为了应对不断变化的病毒，定期更新疫苗以确保对新出现的病毒变异株保持足够的保护效力显得尤为重要。

基于病毒基因序列的深入分析和血清学检测的丰富证据，笔者发现新出现的高毒力 PEDV 毒株在抗原上与经典的 PEDV 毒株存在不同程度的显著差异。在亚洲国家，许多经典的 PEDV 毒株，如原型 CV777、日本 83p-5 和韩国 DR13 毒株，都经历了连续的细胞培养传代过程进行减毒，并成功作为灭活或减毒疫苗获得许可。这些传统的减毒 PEDV 疫苗对经典的 PEDV 毒株展现出了良好的临床疗效，迄今为止，使用这些基于经典 PEDV 毒株的灭活和减毒疫苗仍有助于降低疾病的严重程度。

尽管许多猪群都遵循了常规的疫苗接种计划，但新生仔猪的死亡率仍然居高不下，这主要是由新出现的高毒力 PEDV 毒株所引起的。通过对 S 蛋白中和表位的序列进行比较，笔者发现经典株和新出现的高毒力 PEDV 毒株之

间的抗原变异是疫苗失败的主要原因。有研究表明，PEDV 的 S 蛋白中和表位在不断发生突变，这使得现有的疫苗无法有效预防 PEDV，从而增加了预防和控制 PEDV 感染的难度。

除了分子层面的证据外，经典毒株和新出现的高毒力毒株之间的抗原变异还在多种血清学交叉反应试验中得到了进一步的证实。一项对 1998—2013 年间 27 株韩国 PEDV 毒株的回顾性研究表明，野毒株的 S 蛋白序列与经典减毒疫苗株的差异最大可达 10%。大部分研究都证明，用经典减毒 PEDV 疫苗株免疫的猪或小鼠通常对新出现的高毒力 PEDV 株显示出相似或更低的血清抗体滴度（差异范围为 2～16 倍），这表明 PEDV 疫苗株可能仅能为高毒力 PEDV 毒株提供部分的交叉保护。因此，针对 PEDV 的疫苗研发需要不断关注病毒的变异情况，并及时调整疫苗策略以应对新的挑战。

（一）基因水平的差异

1. 基因序列的差异

猪流行性腹泻病毒（PEDV）因其高度传染性对养猪业造成了严重影响。PEDV 的流行毒株在不同地区和时间表现出的抗原性差异，与病毒的传播、感染机制及免疫保护紧密相关。本文将从基因序列的角度深入探讨这些差异。

PEDV 的基因组包含一个 10.7 kb 的单股正链 RNA，结构复杂，由 5′ 非编码区、核衣壳蛋白（N）基因以及六个开放阅读框（ORFs）组成。这些 ORFs 负责编码病毒的关键蛋白，如包膜蛋白（E）和膜蛋白（M）。

对比研究各地 PEDV 流行毒株的基因组序列后，笔者发现在 ORFs 编码区存在显著的差异。这些差异可能包括单个氨基酸的替换、插入或缺失，甚至 ORFs 间的重排。这些变化有可能导致病毒抗原性的改变，进而影响病毒的传播方式、感染能力和免疫保护效果。

基于 ORFs 的差异，PEDV 流行毒株可被划分为不同的基因型，这些基因型或许具有独特的抗原性特征，从而影响病毒的传播和感染模式。进一步比较不同基因型毒株的抗原性差异，有助于笔者揭示病毒在传播和感染过程中的演化规律。

总的来说，通过对比分析 PEDV 流行毒株的基因组序列，笔者能够观察到毒株间的抗原性差异，这些差异为笔者理解并控制 PEDV 的传播提供了宝贵的线索。未来的研究将深入探索这些差异，以期为制定更有效的防控措施提供科学支持。

2. 基因元件的差异

猪流行性腹泻病毒（PEDV）对猪群构成严重威胁，其高度传染性令人警惕。该病毒包含多种基因元件，而不同的毒株在这些元件上展现出一定的差异性。

PEDV 的基因组由 10 个基因构成，它们分别编码不同的非结构蛋白（NSP）和结构蛋白。具体来说，*NSP1*、*NSP2* 和 *NSP3* 基因负责编码非结构蛋白，而 *NSP4* 至 *NSP10* 基因则编码病毒的结构蛋白。

研究显示，不同 PEDV 毒株的这些基因元件存在编码序列上的差异。以 *NSP1* 和 *NSP2* 为例，它们在不同毒株中的氨基酸序列可能有所不同，这种差异可能会对病毒的复制和感染能力产生影响。类似地，*NSP3* 的差异也可能阻碍病毒在宿主体内的传播和复制。

此外，PEDV 的结构蛋白基因 *NSP4* 至 *NSP10* 在不同毒株间同样存在差异，这些差异可能会改变病毒的感染和复制行为，从而导致病毒传播和感染特性的多样化。

（二）表观遗传学水平的差异

1. 基因表达调控

猪流行性腹泻病毒（PEDV）对猪类动物，特别是仔猪，构成严重威胁。PEDV 存在多个流行毒株，它们之间的抗原性有所不同。在病毒基因表达调控层面，这些差异对病毒的传播方式和宿主反应有重要影响。

病毒基因表达调控指的是病毒在宿主体内复制和感染时，如何调节自身基因的表达。这一过程受病毒遗传特性、宿主细胞生物学特征以及免疫系统响应等多重因素共同影响。

在 PEDV 的不同毒株间，基因表达调控方式各异。例如，某些毒株可能复制能力更强，而其他毒株可能致病性更为显著。这些差异与毒株的抗原性紧密相关，因为抗原性决定了病毒与宿主免疫系统之间的相互作用方式。

此外，PEDV 毒株间的抗原性差异也会影响宿主反应。有些毒株更容易触发猪只的免疫反应，而有些则更难被宿主免疫系统识别和清除。这种抗原性差异可能导致不同的临床表现和病理变化，从而影响病毒的传播模式和宿主反应。

同时，环境因素如温度、湿度和营养水平也可能影响病毒的生长和复制，进而调控病毒基因的表达。这些环境因素的变化可能导致不同毒株在宿主体内的生长和复制状态有所差异，进而影响病毒的抗原性。

综上所述，PEDV 毒株间的抗原性差异与病毒基因表达调控密切相关。这种差异能够影响病毒的传播和宿主反应，从而改变病毒的致病性和传播能力。因此，深入研究 PEDV 毒株间的基因表达调控对于预防和控制猪流行性腹泻至关重要。

2. 非编码 RNA 的作用

猪流行性腹泻病毒（PEDV）对猪类动物具有高度传染性，危害严重。在 PEDV 的传播过程中，非编码 RNA（ncRNA）发挥着举足轻重的作用。ncRNA 是一类较短的 RNA 分子，在生物体的多个生理过程中起着关键的调控作用。在 PEDV 的不同毒株中，ncRNA 的功能也存在差异。

首先，ncRNA 能够调控 PEDV 病毒的复制过程。通过影响病毒基因的表达，ncRNA 可以改变病毒在宿主体内的复制行为。例如，ncRNA 可以调控 PEDV 基因的表达，进而影响病毒粒子的产生和病毒基因的转录。不同毒株中 ncRNA 的功能差异可能导致病毒在宿主体内的复制速度和病毒载量有所不同。

其次，ncRNA 还能影响 PEDV 的宿主范围。通过调控病毒基因的表达，ncRNA 可以改变病毒在宿主体内的复制和传播特性。这意味着 ncRNA 的差异可能导致不同毒株在宿主体内的传播范围和宿主选择存在差异。

最后，ncRNA 还影响 PEDV 的免疫逃逸能力。通过调控病毒基因的表达，ncRNA 可以改变病毒的抗原性，从而影响宿主对病毒的免疫反应。不同毒株中 ncRNA 的差异可能导致其免疫逃逸能力有所不同。

因此，ncRNA 在 PEDV 的传播过程中具有关键作用。深入研究 ncRNA

在 PEDV 传播中的具体作用机制，对有效防控 PEDV 的传播具有重要意义。

3. 病毒蛋白的翻译后修饰

猪流行性腹泻病毒（PEDV）是一种高度传染性的病毒，能够引发猪的流行性腹泻。在病毒传播过程中，不同毒株之间可能存在抗原性差异，其中病毒蛋白的翻译后修饰（PTMs）是一个重要影响因素。

翻译后修饰是指在蛋白质合成完成后，通过细胞内的各种机制对蛋白质进行进一步的化学修饰。这些修饰包括磷酸化、糖基化、甲基化和酰化等，能够改变病毒蛋白的结构、电荷和亲水性，从而影响其抗原性。

磷酸化修饰通过改变病毒蛋白的构象和电荷分布来影响其抗原性。在磷酸化过程中，特定的氨基酸残基会被添加磷酸基团，从而改变蛋白质的整体性质。

糖基化是另一种重要的修饰方式，它可以影响病毒蛋白的抗原性和稳定性。在糖基化过程中，糖分子会被添加到蛋白质的特定氨基酸上，改变其结构和性质。蛋白质糖基化是糖链与蛋白质连接的重要修饰过程，很大程度上影响着机体的免疫反应。糖基化位点是蛋白质上结合糖链的氨基酸序列，其突变可能引起糖基化作用改变，导致毒株抗原性发生变化。笔者研究对陕西省 10 株 PEDVS 蛋白糖基化位点进行预测分析，结果发现与 PEDVCV777 株相比，流行毒株引入和缺失的糖基化位点明显多于 PEDVXJDB2 株。综合以上分析，PEDV 流行毒株的 S 蛋白在一级结构、二级结构、中和表位区、单抗识别表位区与糖基化位点等方面均与疫苗毒株存在明显差异，这些变化表明陕西省 PEDV 流行毒株的抗原性已经发生了改变，推测疫苗免疫保护效果下降与 S 蛋白的变异密切相关，提示防控 PED 急需开发适应新流行毒株的疫苗，这为后续研究指明了方向。

甲基化和酰化也是常见的翻译后修饰方式，它们同样能够改变病毒蛋白的构象和抗原性。这些修饰通常发生在特定的氨基酸残基上，对病毒蛋白的性质和功能产生显著影响。

总的来说，病毒蛋白的翻译后修饰是影响 PEDV 抗原性的重要因素之一。通过研究不同毒株之间在翻译后修饰方面的差异，笔者可以更深入地了解病毒的变异机制，并为疫苗设计和病毒防控提供有价值的依据。

（三）病毒颗粒水平的变化

猪流行性腹泻病毒（PEDV）因其高度传染性而对猪群构成严重威胁。病毒颗粒水平的变化，是 PEDV 不同毒株间抗原性差异的一个核心方面。深入探究这些变化，对于提升笔者防控该病毒的能力至关重要。

病毒颗粒水平，涉及病毒在宿主细胞内的复制、组装及释放过程。这一过程受诸多因素调控，包括宿主细胞类型、环境温度、pH 以及营养条件等。病毒颗粒的任何变化，都可能影响其在宿主体内的传播和繁殖能力，进而改变病毒的传播速度和致病性。

在 PEDV 的不同毒株中，病毒颗粒的变化可能体现在大小、形状、密度以及表面蛋白的表达上。这些变化能够影响病毒在宿主体内的传播和感染难易程度。例如，较大的病毒颗粒可能更容易被宿主免疫系统识别并清除，而较小的病毒颗粒则可能更易于逃避免疫系统的监视，从而引发更为严重的疾病。

此外，病毒颗粒的变化还会影响其在宿主体内的复制和增殖过程。较小的病毒颗粒可能更容易侵入宿主细胞，并在体内实现快速复制和增殖，进而加重病情。因此，在防控 PEDV 的过程中，笔者必须密切关注病毒颗粒水平的变化，并据此采取相应措施，以降低病毒的传播风险。

三、猪流行性腹泻病毒的抗感染机制

（一）病毒侵入与复制过程

1. 病毒与受体结合

PEDV 通过其表面的刺突蛋白（S 蛋白）与宿主细胞表面的受体紧密结合，这是病毒侵入细胞的首要步骤。S 蛋白作为 PEDV 的一种关键结构蛋白，具有与宿主细胞受体特异性结合的能力。研究表明，PEDV 主要利用猪氨基肽酶 N（APN）作为受体，但也可能存在其他辅助受体。这种受体与病毒的结合具有高度的特异性，确保病毒能够精确识别并感染目标细胞，如小肠绒毛上皮细胞。这种特异性结合不仅是 PEDV 感染的关键环节，也是其致病机制的重要组成部分。

2. 细胞内复制机制

一旦病毒粒子与受体成功结合，病毒便通过内吞作用进入细胞。在细胞内，PEDV 的 RNA 基因组被释放到细胞质中，并利用宿主细胞的翻译和复制机制合成病毒蛋白和新的 RNA 基因组。这一过程涉及病毒基因组的转录、翻译以及病毒粒子的组装和释放等多个步骤。在病毒复制过程中，PEDV 会大量消耗宿主细胞的能量和物质资源，合成大量的病毒蛋白和 RNA，为后续的病毒粒子组装和释放提供必要的物质基础。同时，病毒复制也会导致宿主细胞的代谢和功能障碍，为后续的细胞损伤和凋亡埋下隐患。

（二）细胞损伤与凋亡过程

1. 细胞膜融合现象

PEDV 的 S 蛋白不仅负责与受体结合，还介导了病毒与细胞膜的融合过程。这一过程使病毒基因组能够顺利进入细胞质，但同时也对宿主细胞造成了损伤。细胞膜的融合可能导致细胞膜的稳定性下降，进而引发细胞损伤和凋亡。细胞膜的融合是 PEDV 感染过程中的一个重要环节，它使病毒能够成功进入细胞并在其中复制。然而，这一过程也可能对宿主细胞造成严重的损伤，导致细胞膜的破裂和细胞内容物的泄漏。

2. 细胞凋亡的发生。

PEDV 感染宿主细胞后，会触发细胞凋亡的发生。细胞凋亡是一种程序性细胞死亡方式，它涉及一系列基因的表达和调控。PEDV 通过激活宿主细胞内的凋亡信号通路，诱导细胞凋亡的发生。凋亡的细胞会逐渐失去功能并最终死亡，从而加剧了组织损伤。细胞凋亡是 PEDV 感染过程中的一个重要病理变化，它导致大量小肠绒毛上皮细胞的死亡和脱落，严重影响了猪只的消化吸收功能。

关于PEDV感染引起细胞凋亡的机制，有研究对PEDV感染细胞转录组测序发现，感染前后与凋亡相关信号通路分子表达水平差异显著，并且PEDV也可以通过p53和线粒体凋亡通路促进细胞凋亡。PEDV感染诱导Vero细胞凋亡，那么PEDV是否也诱导MARC-145细胞的凋亡，这种凋亡是否由于microRNAs的表达丰度改变影响凋亡相关蛋白的表达，而凋亡蛋白表达量的改变抑制或促进了细胞凋亡呢？对这个问题的研究将对阐明PEDV致病机制具有重要意义。

研究发现猪流行性腹泻病毒可通过miR-133c-3p/BCL2L2轴调控细胞凋亡。微小RNA（microRNA，miRNAs）是非编码RNA，长18～25 bp，不编码蛋白质。成熟的microRNAs是单链的，通过与靶蛋白mRNA3'UTR区域的结合，导致靶蛋白mRNA被切割，从而调控基因的转录水平，甚至影响蛋白翻译的水平，调控蛋白的表达，进而调控细胞内多种生物学过程。近年来的研究表明，miRNAs也可以通过直接与病毒基因组RNA结合或者通过改变细胞的转录谱来影响RNA病毒的复制和致病性。在关于miR-133c-3p的研究中发现，它在多种细胞中发挥着调控细胞凋亡和增殖的作用。体内试验发现，miR-133c-3p可抑制心肌细胞的纤维化和心肌肥大。另外，在癌细胞的研究中发现，miR-133c-3p可抑制细胞的增殖和迁移。BCL2蛋白家族整合了触发细胞存活或凋亡的信号，BCL-w蛋白（又称为BCL2样蛋白2），属于BCL2家族的成员，由BCL2L2基因编码。

研究表明，BCL-w的BH1结构域的Gly94残基可以抑制BAK的活性，BCL-w的抗凋亡作用主要通过与BAK、BAX相互作用发挥抑制细胞凋亡的作用。非刺激情况下，BCL-w蛋白通常通过其疏水结构域与线粒体、内质网

和核膜的脂质双分子层结合，在静息细胞中，BCL-w 的 c 端结构域在疏水囊内折叠，仅松散地附着在线粒体膜上，当接收到凋亡信号时，BCL-w 的 c 端臂通过促凋亡 BH3-only 蛋白的连接释放，从而促进 BCL-w 与线粒体之间的紧密相互作用发挥抗凋亡的作用。

3. 猪流行性腹泻病毒通过 miR-133c-3p/BCL2L2 轴调控细胞凋亡

microRNAs 是一类很短的 RNA 分子，在细胞增殖、分化、死亡和发育这些生物过程中发挥重要的作用，它发挥作用的机制是通过调控基因转录后水平而影响相应蛋白表达水平。病毒在感染细胞的过程中会改变细胞内 microRNAs 的表达谱，而这些 microRNAs 会靶向重要的细胞元件，导致细胞生理过程的改变。病毒感染引起的 microRNA 变化有可能影响病毒的复制，很可能病毒存在多种促进和抑制自身复制的机制，这些机制受多种因素的影响处于动态变化中。一方面，microRNAs 通过下调凋亡抑制蛋白的表达水平诱导细胞凋亡，如 miR-15/16 通过下调 BCL2 促进细胞凋亡，miR-186-5p 通过下调 IGF-1（胰岛素样生长因子）促进细胞凋亡，miR-146a 通过下调 BCL2 诱导细胞凋亡，另一方面，miRNAs 通过下调凋亡激活通路的蛋白抑制细胞凋亡，如 miR-C12 通过抑制细胞凋亡促进疱疹病毒的复制 A 型流感病毒感染 A549 细胞后，miR-34a 的表达显著下降，而另一篇报道称 A 型流感病毒引起 miR-29c 的表达上调。另外，miR-133c-3p 可以通过靶向几个凋亡抑制蛋白诱导细胞凋亡，如在狼疮肾炎中 miR-133c-3p 通过靶向 LASP1 抑制细胞增殖，促进细胞凋亡；在胶质母细胞瘤细胞的研究中发现，miR-133c-3p 可以通过抑制 EGF 的表达水平促进细胞凋亡，从而抑制了细胞增殖。

笔者在 MARC-145 细胞的研究中发现 PEDV 的感染能引起 miR-671-5p 表达的上调的基础上，又继续分析了在 PEDV 感染过程中与细胞凋亡相关的 microRNAs 表达丰度的变化，选取差异表达最明显的 miR-133c-3p 进一步探究 PEDV 感染诱导细胞凋亡的可能机制。主要研究结果如下：

（1）PEDV 毒株感染 MARC-145 细胞并诱导其凋亡

PEDV 感染可诱导 MARC-145 细胞的凋亡，并且随着感染复数的增大凋亡率也相应增加。病毒可以通过诱导凋亡促进病毒释放，也可以在病毒感染的前期抑制细胞凋亡促进病毒的复制，这可能也意味着凋亡在病毒感染的不同阶段发挥不同的作用。CH/HBTS/2018 株以 0.1 和 1 MOI（Multiplicity of Infection 感染复数）感染 MARC-145 细胞，细胞在 0 h、12 h 和 24 h 后细胞病变如图 5-1（a）所示，在感染 12 h 后细胞也出现了融合的现象，但融合细胞数量比较少，在感染 24 h 后 1 MOI 感染的细胞病变出现了片状融合。12 和 24 h 病毒的滴度如图 5-1（b）所示，1 MOI 感染后 24 h 病毒滴度在 6.5lgTCID50 • mL^{-1} 左右，0.1 MOI 感染 24 h 后病毒滴度在 4.2lgTCID50 • mL^{-1} 左右。由结果可知，病毒可以在 MACR-145 细胞高效增殖。在病毒感染 12 h 后留样，间接免疫荧光示踪病毒，检测病毒感染细胞的情况，如图 5-1（c）所示，病毒以 0.5 和 0.1 MOI 感染可以在 MARC-145 细胞内高效复制。分别以 0.0、0.1、0.5、1.0 MOI 感染 MARC-145 细胞，流式细胞术检测 PEDV 感染 MarC145 细胞 24 h 后细胞的凋亡情况，如图 5-1（e）所示，与对照组相比，感染 0.1 MOI 病毒 12 h 后，细胞凋亡率显著升高［图 5-1（d）］（$P<0.05$），随着感染复数的增大，细胞凋亡率显著增加（$P<0.01$）。

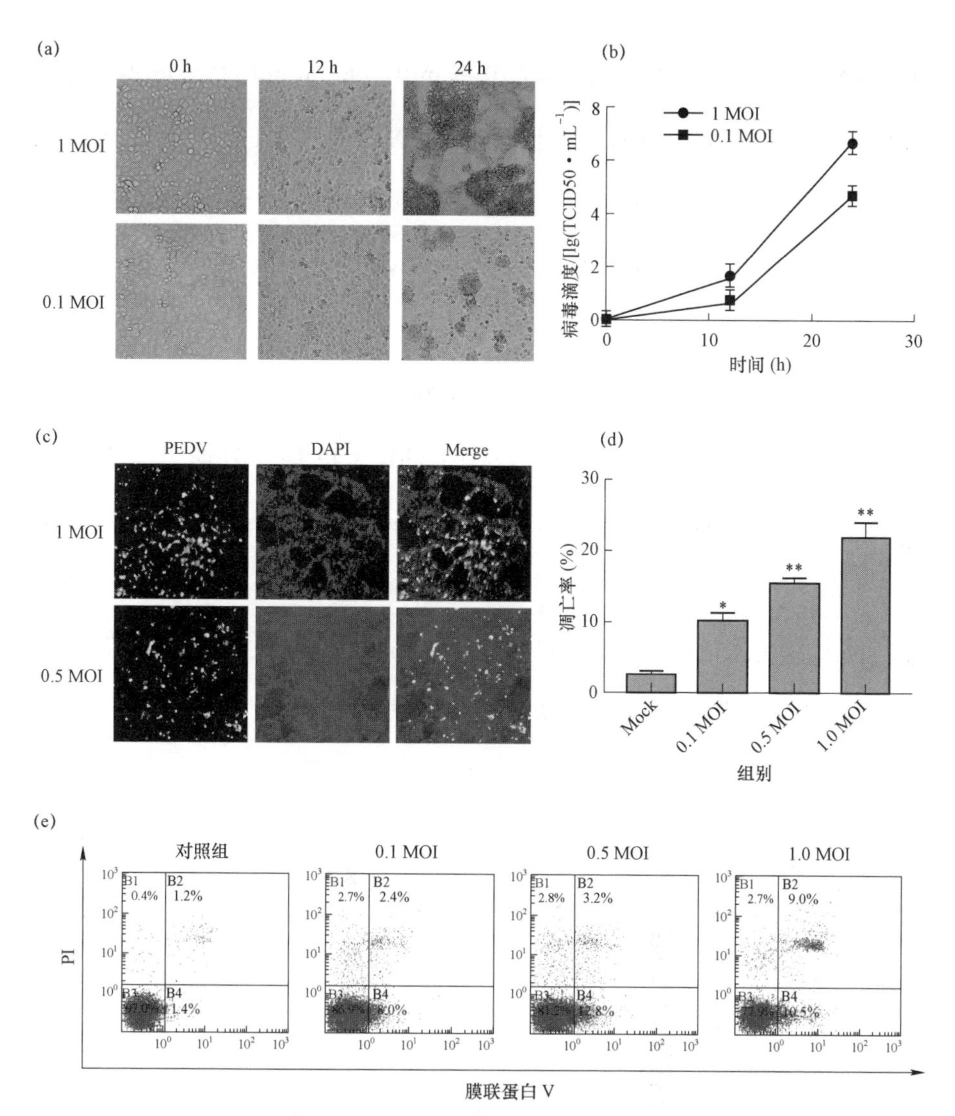

图 5-1　流式细胞术检测猪流行性腹泻病毒感染 MARC-145 细胞的凋亡率

（a）不同感染复数 PEDV 感染 MARC-145 细胞的病变；（b）不同感染复数感染 MARC-145 细胞后 12 h 和 24 h 后病毒的滴度；（c）IFA 检测 PEDV 感染 MARC-145 细胞的感染情况；（d）不同剂量 PEDV 导致细胞凋亡百分比柱状图；（e）流式细胞仪检测 PEDV 诱导 MARC-145 细胞凋亡程度；与 Mock 组比较，*P＜0.05 和**P＜0.01 表示显著差异。下同

（2）PEDV 感染引起 miR-133c-3p 显著上调

为了进一步探究 PEDV 感染引起细胞凋亡的原因，进一步从 RNA 水平揭示 PEDV 诱导细胞凋亡的机制，选择了 6 个文献中报道的影响细胞凋亡的

microRNAs，分别是 miR-133c-3p、miR-7、miR-186-5p、miR-155、miR-149-5p、miR-138-5p。使用 RT-qPCR 方法检测在 PEDV 感染前后它们的表达差异。如图 5-2 所示，miR-133c-3p 的表达显著上调（$P<0.01$），miR-149-5p 略有升高（$P<0.05$），miR-138-5p 表达下调（$P<0.05$），miR-7、miR-186-5p 和 miR-155 的表达在 PEDV 感染前后差异无统计学意义（$P>0.05$）。

（3）过表达 miR-133c-3p 促进了细胞凋亡

将合成的 miR-133c-3p 的模拟物对照（MC）转染细胞后，用 MTT 试验检测细胞活性，结果表明 0、20、30、50 nmol · L^{-1} 的转染浓度不影响细胞活性［图 5-3（a）］。转染 miR-133c-3p 后 6h 感染 PEDV，继续感染 18 h 后收样，流式细胞术检测细胞凋亡，结果显示，miR-133c-3p 过表达并感染 PEDV 后细胞凋亡率显著升高（$P<0.001$）（图 5-3）。

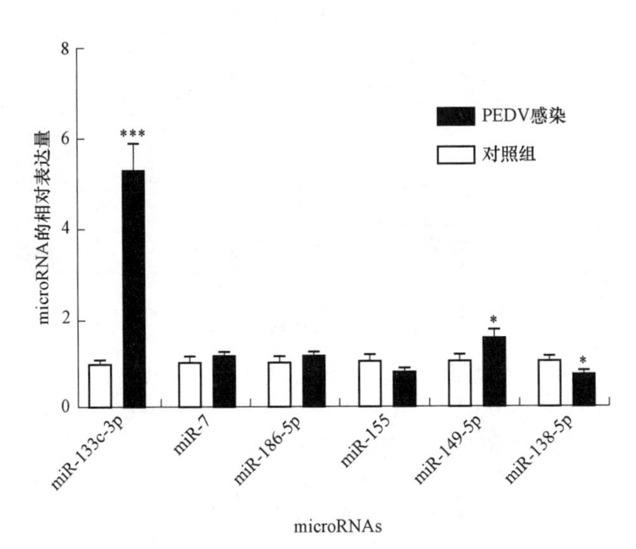

图 5-2　与凋亡相关的 microRNAs 表达情况

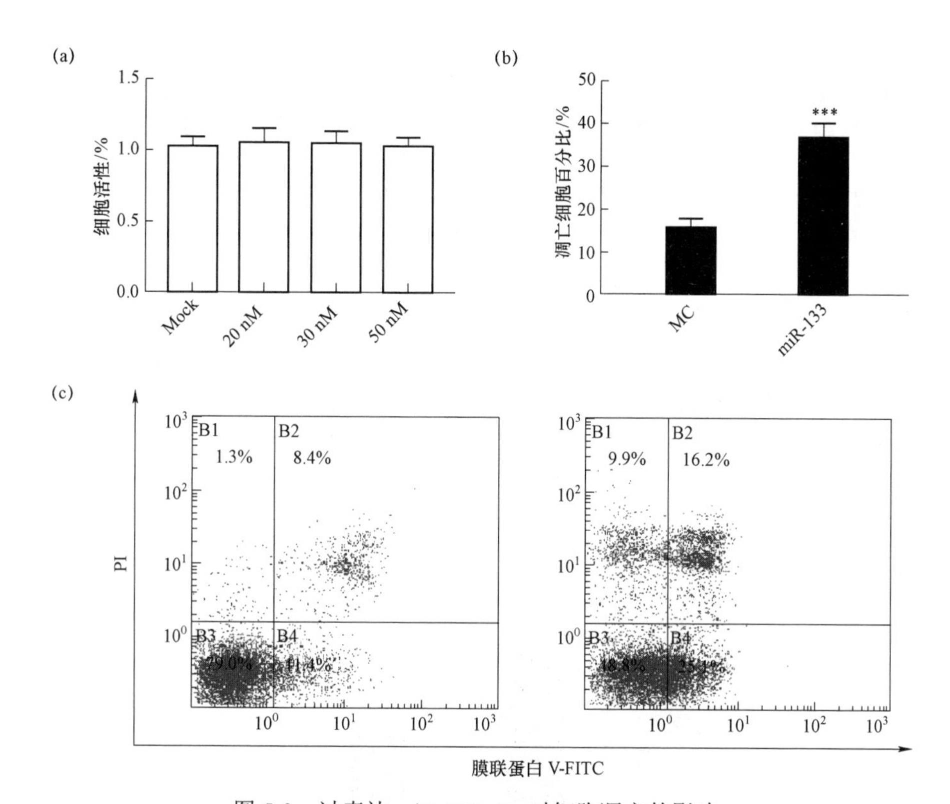

图 5-3　过表达 miR-133c-3p 对细胞凋亡的影响

（a）转染不同浓度的模拟物对照，MTT 检测细胞活性的影响；（b）凋亡率的柱状图；（c）流式细胞术检测过表达 miR-133c-3p 后细胞的凋亡率

（4）敲低 miR-133c-3p 抑制了病毒感染引起的细胞凋亡

将 miR-133c-3p 的抑制剂转染 MARC-14512h 换液后感染 1 MOI 病毒，继续培养 12h 后收取细胞样品，流式细胞术检测细胞凋亡情况，结果显示，敲低 miR-133c-3p 后细胞凋亡率明显下降（$P<0.01$）（图 5-4）。

（5）PEDV 感染后下调了 miR-133c-3p 的靶基因 BCL-w 的表达

为了进一步确认 miR-133c-3p 调控的靶基因，使用生物信息学在线预测网站（http://www.tar-getscan.org/vert72/）预测其靶基因，荧光素酶报告基因用来验证 miR-133c-3p 和 *BCL2L23'UTR* 区域的结合。结果发现，BCL2L2 基因的 3'UTR 区域有 miR-133c-3p 的结合位点［图 5-5（a)］，进一步检测了

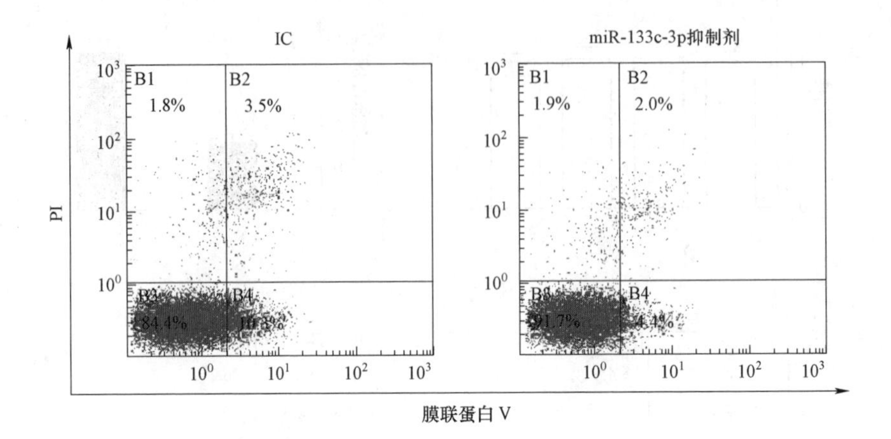

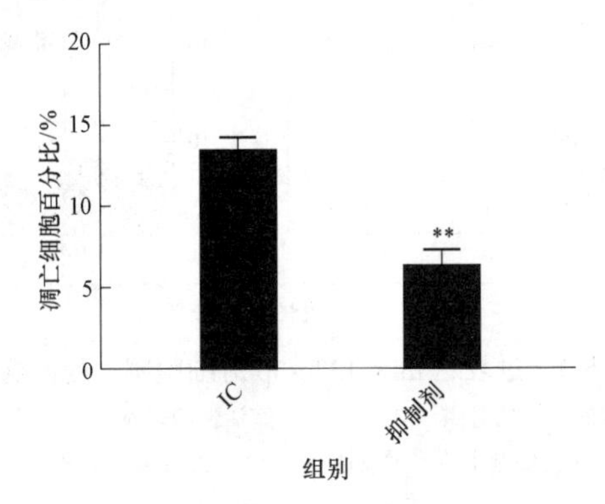

图 5-4 敲低 miR-133c-3p 后细胞的凋亡率

与 IC 组比较，**P<0.01 表示显著差异

miR-133c-3p 的模拟物（mimic）和模拟物对照（MC）转染组的荧光素酶活性，结果发现，miR-133c-3p 可以显著降低野生型报告基因质粒的荧光素酶活性，而对突变型质粒没有影响（$P<0.01$），这表明 miR-133c-3p 可以与 BCL2L2 靶基因区域的结合［图 5-5（b）］。Westernblot 检测了细胞内转染 miR-133c-3p24h 时 BCL-w 蛋白的表达，结果发现，miR-133c-3p 可以在细胞内下调 BCL-w 基因的表达水平，并且 PEDV 感染也可以下调 BCL-w 的表达水平（$P<0.001$）［图 5-5（c）］。

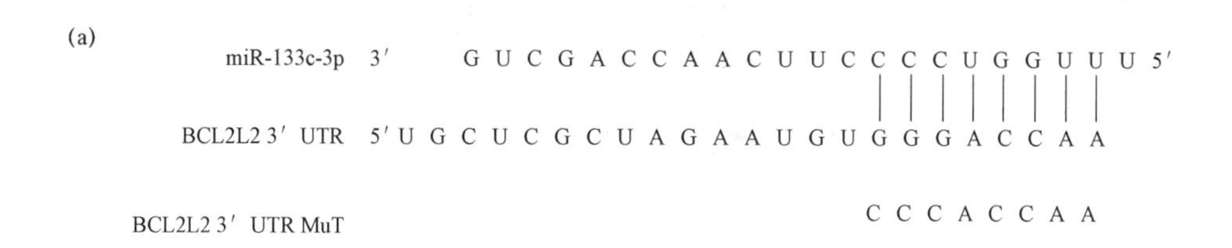

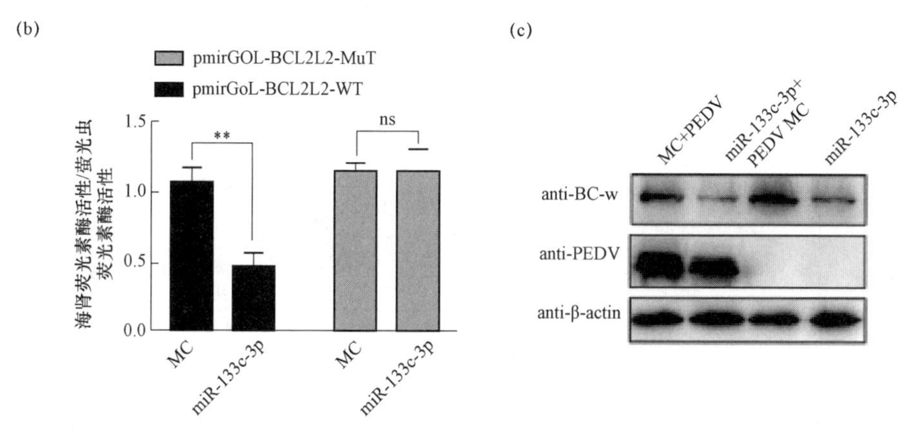

图 5-5 BCL2L2 是 miR-133c-3p 的靶基因

(a) 生物信息学方法预测在 BCL2L23UTR 的靶向结合位点；(b) miR-133c-3p 可以下调野生型质粒的荧光素酶活性；(c) 过表达 miR-133c-3p 下调细胞内 BCL-w 和 PEDV 蛋白的表达的水平；与 MC 组比较，**P＜0.01 和**P＜0.001 表示显著差异

(6) 敲低 *BCL-w* 可以促进细胞凋亡

为了检测 *BCL-w* 是否影响细胞凋亡，合成 3 条 *siRNAs*，分别将 *siRNAcontrol*（SC）、*siBCL-w-1*、*siBC-Lw-2*、*siBCL-w-3*（序列见表 5-2）转染 MARC-145，Westernblot 检测细胞内 *BCL-w* 的表达水平，由图 5-6（a）a 可知，siBCL2L2-3 敲除效率最高。随后将 SC 和 siBCL-w-3 转染细胞后流式细胞术检测细胞凋亡情况，结果显示，敲低 *BCL-w* 的表达水平促进了细胞凋亡，如图 5-6（b）所示。

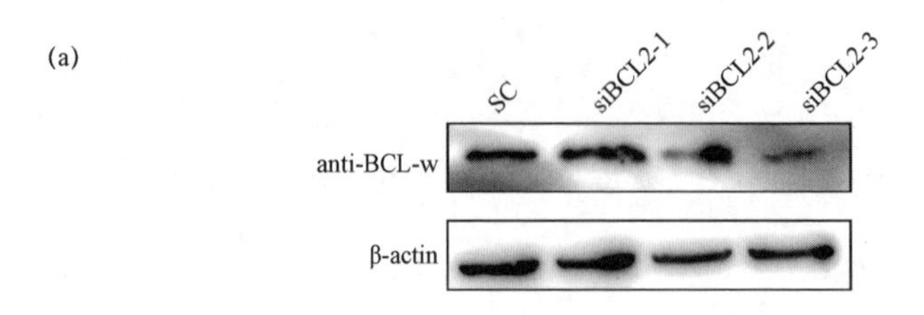

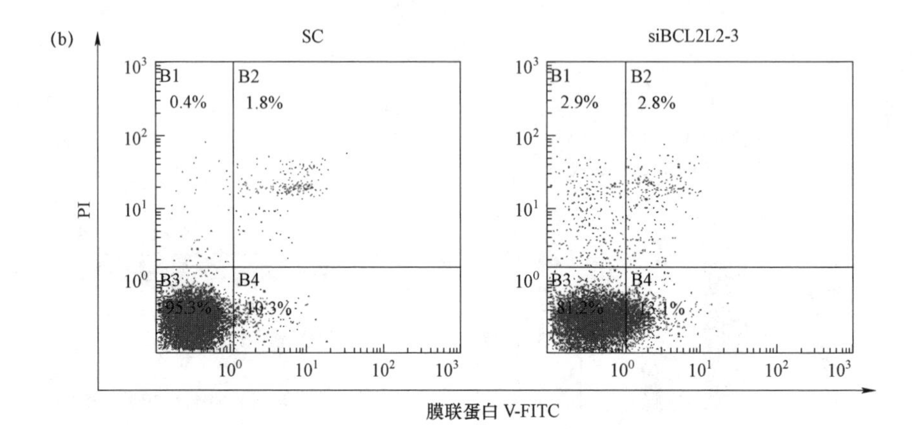

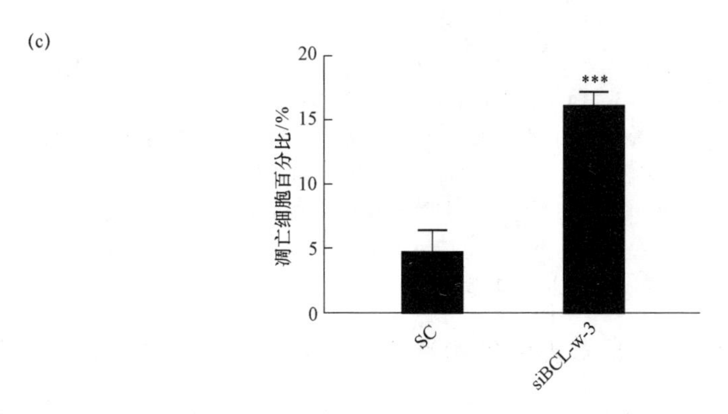

图 5-6 敲低 BCL-w 诱导细胞凋亡

（a）Westernblot 检测 siRNAs 的敲除效率；（b）流式细胞术检测敲低 BCL-w 后细胞的凋亡情况，***P＜0.001 表示显著差异

此研究发现 PEDV 的感染能引起细胞 miR-133c-3p 表达的上调，该结果说明病毒感染可能通过改变 microRNAs 表达的丰度来改变细胞的生理状态。从 microRNAs 水平解释 PEDV 感染细胞时对凋亡的调控，这将为阐明病毒和细胞互作的分子机制提供依据，从而为抗 PEDV 新方法的开发提供理论

基础。

而在本研究中，PEDV 感染上调了 miR-133c-3p 的水平，而上调的 miR-133c-3p 又促进了细胞凋亡，而且敲低 BCL-w 后诱导细胞凋亡，但是凋亡率没有过表达 miR-133c-3p 所引起的凋亡率高，这可能提示，miR-133c-3p 可能靶向多个凋亡抑制蛋白或通过多种途径影响细胞凋亡。本研究不仅证明了 miR-133c-3p 诱导凋亡的作用，而且进一步丰富了 miR-133c-3p 的调控凋亡的机制。

BCL2L2 作为 BCL2 家族蛋白的分子，是重要的凋亡抑制剂，miR-335c-5p 通过下调 BCL2L2 的水平促进了卵巢癌细胞的凋亡，从而促进了化疗的敏感性，miR-126a-5p 通过下调 BCL2L2 促进宫颈癌细胞的凋亡，BCL2L2 是 microRNA 影响细胞凋亡的过程中一个很重要的靶基因，本研究中，miR-133c-3p 靶向调控 BCL2L2。该结果提示，miR-133c-3p 通过靶向 BCL2L2 调控细胞凋亡机制有可能是 PEDV 感染 MARC-145 细胞引起凋亡很重要的因素。

（三）小肠绒毛萎缩与脱落现象

PEDV 主要感染小肠绒毛上皮细胞，并在这些细胞中复制和增殖。小肠绒毛上皮细胞是吸收营养物质的主要部位，它们的损伤会直接影响营养物质的吸收和利用。PEDV 感染小肠绒毛上皮细胞后，会大量复制并产生新的病毒粒子。这些病毒粒子会进一步感染其他细胞，导致小肠绒毛上皮细胞的广泛损伤。随着病毒在小肠绒毛上皮细胞中的复制和增殖，细胞逐渐损伤并凋亡。这导致小肠绒毛的萎缩和脱落，减少了小肠的吸收表面积。绒毛的萎缩和脱落不仅影响了营养物质的吸收，还使得肠道内的细菌和毒素更容易进入血液循环，引发全身性感染。小肠绒毛的萎缩和脱落是 PEDV 感染的重要病理变化之一，也是导致猪只出现腹泻和脱水等症状的主要原因之一。

（四）免疫反应与病理变化

在 PEDV 感染初期，宿主会迅速启动先天性免疫反应来抵御病毒感染。先天性免疫反应包括产生干扰素（IFN）和其他抗病毒蛋白、激活自然杀伤细胞（NK 细胞）和巨噬细胞等。然而，PEDV 具有一定的逃避先天性免疫的能力，如降解干扰素信号通路的关键分子 STAT1 等。这种逃避机制使得 PEDV 能够在宿主体内持续复制并引发疾病。

随着感染的进展，宿主会产生适应性免疫反应，包括产生特异性抗体和 T 细胞反应。特异性抗体能够中和病毒粒子并阻止其感染新的细胞；T 细胞则能够识别并杀伤病毒感染的细胞或分泌细胞因子调节免疫反应。然而，由于 PEDV 的变异性和逃避免疫应答的能力，适应性免疫反应可能无法完全清除病毒。这种逃避免疫应答的能力是 PEDV 能够在宿主体内持续存在并引发疾病的重要原因之一。

PEDV 感染导致的病理变化主要发生在小肠。感染初期，小肠绒毛上皮细胞会出现肿胀、变性和坏死；随后绒毛会发生萎缩和脱落，导致小肠吸收表面积显著减少。此外，还可能出现肠壁充血、水肿和出血等病理变化。这些病理变化严重影响了猪只的消化吸收功能，导致严重的腹泻和脱水等症状。在严重感染的情况下，还可能出现全身性感染、电解质紊乱和酸碱平衡失调等病理变化。这些病理变化不仅影响了猪只的生长发育，还可能导致其死亡。因此，对于 PEDV 的感染，笔者需要采取有效的防控措施来保护猪只的健康和生产性能。

1. 天然免疫概念

天然免疫，也被人们称为固有免疫或非特异性免疫，是机体抵抗病原体入侵的第一道防线。这个精细的系统由三个核心部分组成：组织屏障、固有免疫细胞以及固有免疫分子。这三者紧密合作，共同维护着笔者机体的健康。天然免疫的显著特点在于其广泛的作用范围、快速的反应能力、相对的稳定性以及可遗传性，这些特性使得它在保护机体免受病原体侵害方面起着至关重要的作用。

免疫系统的细胞能够表达多种模式识别受体（PRR），这些受体就像哨兵一样，能够识别特定的病原相关分子模式，并激活特定的免疫应答，从而有效地抵抗病原体的入侵。

目前，科学家们已经发现了三类主要的模式识别受体，它们分别是：Toll样受体（TLR）、视黄酸诱导基因Ⅰ样受体（RLR）以及核苷酸结合寡聚化结构域样受体（NLR）。除此之外，细胞内还存在能够特异性识别病毒 DNA 的受体等，这些受体共同构成了机体防御病原体的复杂网络。

TLRs 和 RLRs 所介导的信号转导途径在宿主抗病毒感染过程中发挥着尤为关键的作用。当 RNA 病毒入侵机体时，它们会激活一系列复杂的天然免疫信号通路。这些信号通路的激活不仅引发了机体的迅速反应，还进一步调动了其他免疫机制来共同抵御病毒的侵害。因此，深入研究天然免疫系统的组成及其作用机制，对于开发新的抗病毒药物和治疗策略具有重要意义。

2. Toll 样受体（TLRs）

Toll 样受体（TLRs）的研究历程充满了科学探索的奇妙与曲折。早在1988年，科学家们首次在果蝇中发现了toll蛋白，这是一种具有胞内结构域和胞外结构域的完整跨膜蛋白，它在胚胎发育过程中扮演着母体效应基因的关键角色。进一步的研究表明，toll 基因在胚胎中的表达对于确保胚胎存活至关重要，而合子中的toll蛋白则展现出与母体toll蛋白相似的生化活性，这强烈表明toll蛋白对胚胎的存活和发育具有至关重要的作用。

直到1997年，著名免疫学家Charles Janeway Jr.领导的研究小组取得了突破性进展，他们确定了toll蛋白的人类同源物——toll样受体4（TLR-4），这一发现标志着TLR作为模式识别受体（PRR）的新时代的开启。

迄今为止，科学家们已经发现了10种具有功能的人类TLR（即TLR1至TLR10）以及13种在实验室小鼠中具有活性的TLR。这些TLRs家族成员在细胞上的分布并非千篇一律，而是大致可以分为两大类。第一大类TLR主要表达在细胞膜表面，包括TLR1、TLR2、TLR4、TLR5、TLR6和TLR11；而第二类TLR则主要定位于细胞质或细胞内膜中，包括TLR3、TLR7、TLR8和TLR9。

这些TLRs在识别病原体相关分子模式方面展现出了惊人的多样性和特异性。例如，TLR1 主要能够识别分歧杆菌、细菌中的脂蛋白和三酰脂质肽等；TLR2则能广泛识别细菌、真菌、寄生虫以及病毒的衍生物；TLR4则能与细胞表面的髓样分化因子2协同作用，共同识别脂多糖这一重要的病原体相关分子模式；而TLR5则主要专注于识别细菌的鞭毛蛋白。

胞内的TLRs，包括TLR3、TLR7、TLR8和TLR9，在病毒核酸

（DNA/RNA）进入细胞或出芽时会被激活，从而触发天然免疫应答。具体而言，TLR3 主要识别双链 RNA；TLR7 和 TLR8 则主要识别单链 RNA；而 TLR9 则通过基因缺陷型鼠的分析被证实是 CpG DNA 的受体。这些发现不仅揭示了 TLRs 在天然免疫中的核心作用，也为开发针对特定病原体的新型免疫疗法提供了宝贵的线索和思路。

3. TLRs 介导的信号通路

TLRs 是最早发现的天然免疫受体家族，能够用识别广泛的 PAMPs。IL-1Rs 和 TLRs 共享一个保守的 Toll/TL-1R 受体（TIR）胞内结构域，因此它们下游的信号通路是类似的。TLRs 信号通路可以分为 MyD88 依赖通路和非 MyD88 依赖通路（TRIF 依赖通路），其中除 TLR3 外的所有 TLRs 家族成员均能够通过将 MyD88 蛋白招募到 TIR 的 C 端，从而启动信号传导过程。MyD88 包含一个死亡域，可以招募 TRAKs，形成信号复合体 Myddosome。在 Myddosome 信号复合物中，IRAK4 通过反式自磷酸化激活，然后磷酸化 IRAK1。激活后的 IRAK1 从 Myddosome 信号复合物中游离出来，与 TRAF6 形成复合物，导致 TRAF6 二聚体化，并触发其 E3 泛素连接酶的活性。TRAF6 E3 泛素连接酶活性对于 IL-1 依赖的 K63 泛素链的合成和 TAK1 活化具有重要的作用，TAK1 的主要作用是激活经典 IκB 激酶（IKK）复合物，启动 NF-κB 的核转位和干扰素基因的转录。TLR3 则通过 TRIF 依赖途径参与天然免疫反应，激活 IRF3 和 NF-κB 信号通路，诱导 IFN-β 和炎性细胞因子的表达。TRIF 与 TRAF6 和 TRAF3 相互作用，TRAF6 通过招募激酶 RIP-1 与 TAK1 复合物相互作用并激活 TAK1 复合物，从而激活 NF-κB 和 MAPK 通路。TRAF3 招募 IKK 相关激酶 TBK1 和 IKKε，通过丝氨酸/苏氨酸磷酸化激活 IRF3，IRF3

形成二聚体并从细胞质易位到细胞核中，诱导Ⅰ型 IFN 基因的表达。TLR3、TLR7、TLR8 和 TLR9 定位在细胞内体中（如内质网和溶酶体中）。TLR3 主要识别 ssRNA 病毒复制过程中产生的 dsRNA，TLR7 和 TLR8 主要在浆细胞样 DC（pDC）中表达，其功能是识别溶酶体中的病毒 ssRNA。TLR9 则主要识别病毒和细菌 CpG DNA。TLR2、TLR4 等在细胞表面表达，主要功能是识别病原微生物的生物膜成分，如革兰氏阴性菌细胞外壁的主要成分脂多糖（LPS）和病毒的包膜糖蛋白。先前的研究表明，TLR2、TLR3、TLR4、TLR7 和 TLR9 参与了 PEDV 诱导的猪肠上皮细胞（IEC）的 NF-κB 活化，表明该病毒可以利用其表面的包膜糖蛋白和核酸触发先天免疫。

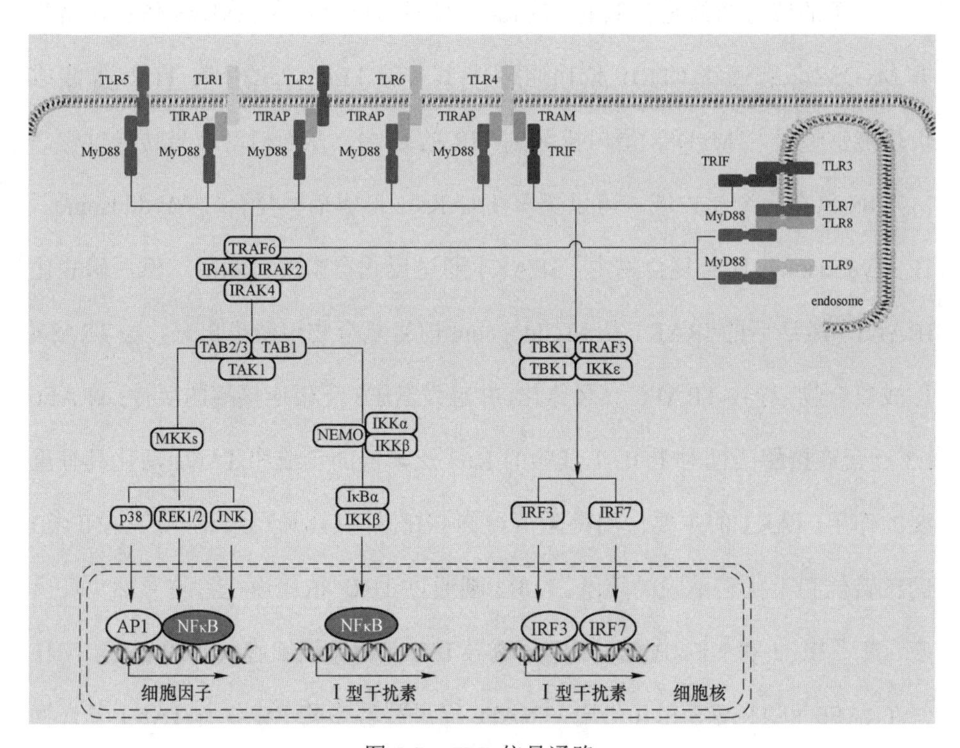

图 5-7　TLR 信号通路

正是基于接头蛋白的不同，TLRs 介导的信号通路可以被大致区分为两大类：MyD88 依赖途径和非 MyD88 依赖途径。

在 MyD88 依赖途径中，当 TLRs 识别到病毒后，它们会招募 MyD88 作为接头蛋白，进而引发一系列信号传递事件。这些事件最终导致 I 型干扰素的表达，从而启动抗病毒反应。这一途径在抗病毒天然免疫中发挥着重要作用。

而在非 MyD88 依赖途径中，TLRs 则通过招募 TRIF 等接头蛋白来传递信号。这一途径同样能够诱导 I 型干扰素的表达，但与 MyD88 依赖途径相比，其信号传递机制和调控方式可能存在差异。这种多样性使得 TLRs 介导的信号通路能够更加灵活地应对不同类型的病毒感染。

4. RIG-I-样受体（RLRs）

RLRs 属于 DEXD/H-BOX 蛋白家族，是一类定位于胞浆中的模式识别受体，其主要功能是识别某些病毒基因组的 dsRNA 或病毒复制过程中产生的 dsRNA。目前已经鉴定出三种 RLR 成员包括黑色素瘤分化相关基因 5（MDA5）、遗传学和生理学实验室 2（LGP2）和视黄酸诱导基因蛋白 1（RIG-Ⅰ）。RIG-Ⅰ和 MDA5 由 N 端两个串联的 CARD 结构域（半胱天冬酶募集结构域）、DECH 解旋酶结构域和 C 端的抑制性结构域（RD）及 CTD 结构域组成。LGP2 不具有 CARD 结构域，无法进行信号传导，有研究表明其主要参与 RIG-I 和 MDA5 信号传导的负调节或正调节过程。静息状态下 RIG-Ⅰ和 MDA5 处于自身抑制状态，其 CARD 结构域结合于 DECH 解旋酶结构域的插入区，当 RNA 病毒入侵后，CTD 结构域可以与病毒入侵过程中产生的 5'-三磷酸化（ppp）dsRNA 结合，使得 RIG-Ⅰ的分子构象发生转变，并释放 CARD 结构域。被激活后的 RIG-Ⅰ或 MDA5 形成同源二聚体，通过其 N 端 CARD 结构域招募定位于线粒体膜上的 MAVS（也称为 IPS-1 或 VISA）蛋白。MAVS 通过 PRR 结构域的 TRAF 作用单元（TIM）招募包括 TRAF3 和 TRAF6 在内的多种分子，活化 IRF3、IRF7 或者 NF-κB 转录因子，开启相应基因的转录表达。尽管结构相似，但是 RIG-Ⅰ和 MDA5 负责识别不同构象的 dsRNA。MDA5 主要识别长度超过 2 000 bp 的 dsRNA，而 RIG-Ⅰ主要识别最小长度为 10 bp 的 5′ppp dsRNA 和其他短于 300 bp 的 dsRNA。Hirata 等人报道了 RIG-Ⅰ信号通路在 IEC 的抗病毒先天免疫机制中起重要作用。Sun 等人利用定量蛋白质组学技术分析 PEDV 经典毒株 CV777 感染的 Vero E6 细胞的蛋白表达变化，发现由 PEDV 感染诱导的 Vero E6 细胞中的差异表达基因（DEPs）参与了 RLRs 信号通路。

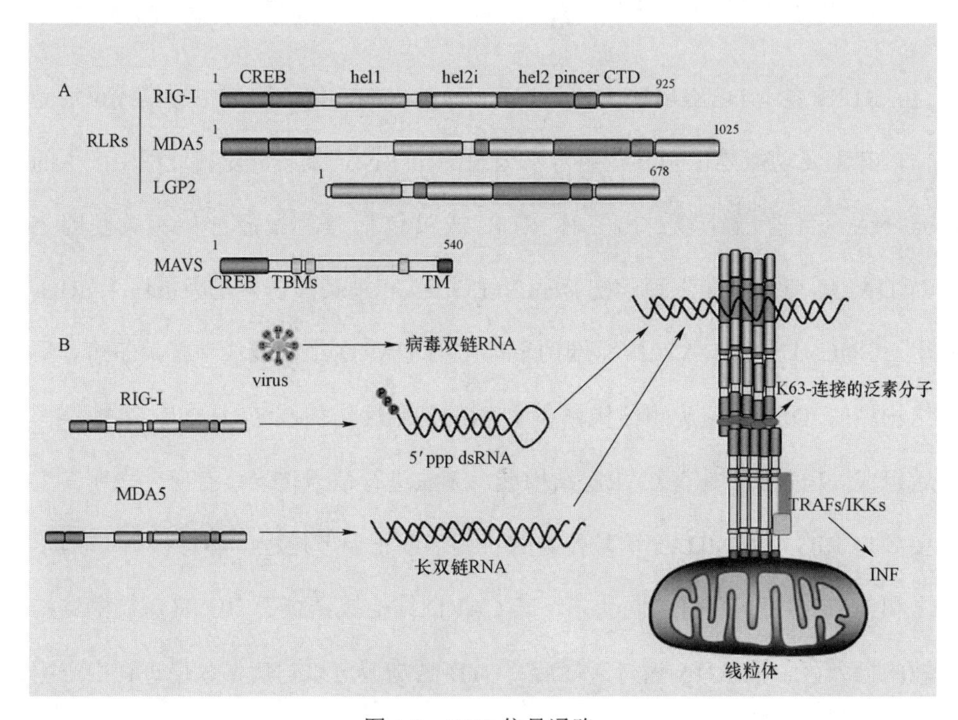

图 5-8　RLR 信号通路

5. RLRs 介导的信号通路

干扰素（IFN）激活的抗病毒天然免疫对于宿主细胞限制病毒感染具有重要的作用。以 IFN-Ⅰ为例，在病毒感染期间，宿主细胞通过模式识别受体（PRRs）识别入侵病毒的病原相关分子模式（PAMPs）并快速诱导机体产生大量的 IFN-α 和 IFN-β。IFN-Ⅰ以自分泌和旁分泌方式与细胞表面的同源受体 IFNAR1 和 IFNAR2 结合，诱导 JAK 家族成员（JAK1/Tyk2）发生磷酸化，磷酸化激活的 JAK1/Tyk2 诱导 STAT1 发生 Tyr701 位点的磷酸化（pY701-STAT1）。进一步，pY701-STAT1 与 STAT2/IRF9 形成异源三聚体，进入细胞核内调控干扰素刺激基因（ISGs）的转录和表达。ISGs 作为抗病毒效应因子，通过靶向抑制病毒转录和翻译等过程或促进感染细胞的凋亡，直接发挥抗病毒感染的作用。

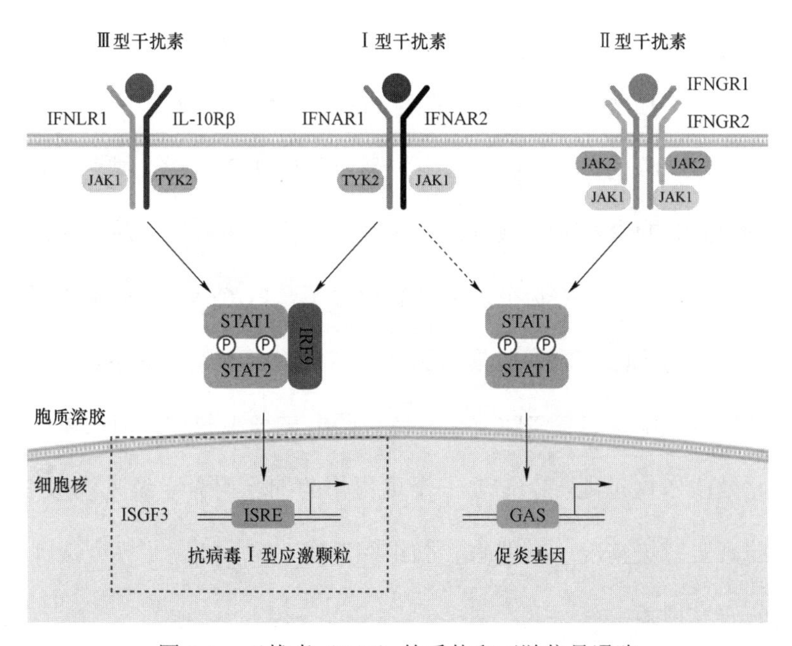

图 5-9　干扰素（IFN）的受体和下游信号通路

6. PEDV 的天然免疫逃避机制

目前，PEDV 拮抗宿主抗病毒天然免疫应答机制的研究已取得实质性进展。PEDV 编码的多种结构蛋白和非结构蛋白，在病毒复制和包装中具有不同的功能作用，影响 IFN 信号通路，进而损害 IFN 介导的抗病毒反应。同时 PEDV 还可以通过影响宿主细胞的凋亡、自噬、内质网应激等多项生命活动过程进而抑制宿主对病毒的免疫应答反应。

四、PEDV 抑制细胞天然免疫的研究

（一）猪流行性腹泻病毒介导的天然免疫信号

PEDV 感染猪小肠上皮细胞，致肠绒毛萎缩，引发严重脱水和高死亡率，可能与紧密连接损伤有关。PEDV 在巨细胞、PAM 中复制，可诱导细胞凋亡或坏死。PEDV 通过膜融合进入细胞，利用囊泡逃避 PRR，减弱免疫反应。TLR2、TLR3 和 TLR9 参与 PEDV 引发的免疫反应。PEDV 调控 ERK 通路等关键信号通路，影响宿主免疫反应。相比之下，PDCoV 的 N 蛋白影响细胞多项功能，包括应激响应，但具体免疫调节机制尚不完全清楚。

在体外研究中，尽管 PDCoV 能诱导肠上皮细胞凋亡，但在体内环境下却未见此效应，这可能提示需要一个更优化的细胞培养系统来模拟 PDCoV 在体内的真实感染情况。类器官、肠组织及 EC（肠细胞）模型或许能为此提供新的研究视角。

此外，PEDV 感染在哺乳仔猪与断奶仔猪之间展现出不同的免疫应答模

式。特别是，在感染初期，哺乳仔猪血清中的 IFN-α 水平显著上升，随后回归基线，而断奶仔猪则表现出较为温和的 IFN-α 反应。这一差异可能与不同年龄段仔猪的免疫系统发育状态有关。值得注意的是，PEDV 感染均会诱导 TNF-α 和 IFN-α 的产生，但具体机制及其在疾病进程中的作用尚需进一步探讨。

在断奶仔猪体内，鉴于 PEDV 与 TGEV 均主要感染小肠，未来研究可聚焦于小肠分泌的 IFN-γ 及其在小肠浆细胞样树突状细胞（pDCs）中调节Ⅰ型 IFN 形成的机制。小肠 pDCs 作为重要的免疫哨兵，其如何响应 PEDV 感染并调控天然免疫信号，是当前研究的一个空白点。另外，PEDV 与单核细胞源树突状细胞（MoDCs）的相互作用也值得关注。与 TGEV 不同，PEDV 感染 MoDCs 可显著促进 IL-12 和 TNF-γ 的产生，而对 IL-10 的表达无显著影响。这种独特的免疫应答模式可能影响后续的 T 细胞激活，进而在体内外影响免疫反应的强度和方向。因此，深入解析 PEDV 与小肠树突状细胞的相互作用机制，对于理解 PEDV 的致病机制及开发有效的防控策略具有重要意义。

（二）猪流行性腹泻病毒抵抗或逃逸干扰素反应

IFN-α/β 在抗病毒防御中扮演着核心角色，然而，肠道冠状病毒已经演化出了一套复杂的策略来对抗宿主的天然免疫机制，从而确保病毒的适应与有效复制。以 TGEV 为例，尽管它能触发宿主产生 IFN-α/β，但其附件蛋白 7 却通过与 PP1 的相互作用精细调控 IFN-α/β 的表达，为病毒赢得更长的增殖时间和更高的存活率。

近年来，PEDV 展现出了其狡猾的一面，通过一系列策略成功逃逸了宿主的IFN反应，这一发现引起了科学界的广泛关注。即便在强效IFN诱导剂如poly（I：C）的刺激下，PEDV感染的细胞依然无法有效触发IFN-β的生成，这主要归因于PEDV对IRF3核转位的抑制，从而切断了IFN启动的关键环节。

在深入剖析PEDV如何操控天然免疫系统的过程中，利用MARC-145细胞系这一敏感且能产生IFN的模型，发现PEDV感染后的环境并不足以抑制VSV-GFP的生长，这进一步强化了PEDV抑制IFN-α/β能力的证据。机制探究揭示，PEDV通过巧妙降解细胞核内的CBP，这一关键的转录辅助因子，阻碍了IFN增强子复合物的形成，从而在转录层面阻断了IFN的产生。特别是在肠道上皮细胞（IECs）中，PEDV更是精准地阻断了RIG-I信号通路，通过抑制MAVS的激活和随后的IRF3核转位，彻底关闭了IFN-β的诱导途径。

值得一提的是，通过全面筛查PEDV编码的所有蛋白，研究人员发现了10种具有IFN拮抗作用的病毒蛋白，它们分布在结构蛋白与非结构蛋白之间，其中nsp1尤为突出，其IFN抑制效能最为显著。深入机制研究显示，nsp1并不直接作用于IRF3的磷酸化或核转位，而是通过干扰IRF3与CBP的结合，并在细胞核内诱导CBP的降解，从而实现了对IFN增强子形成的阻断。

此外，PEDV还利用其nsp3中的PLPro2，一种具备去泛素化酶活性的木瓜蛋白酶样蛋白酶，通过调控细胞质中的泛素化水平来影响天然免疫反应。与SARS-CoV相似，PEDV的PLPro2也通过减少关键信号分子的泛素化来抑制Ⅰ型干扰素信号通路，同时可能还参与了p53通路的调控，通过上调MDM2的表达来间接促进p53的降解，抑制IRF7的表达，从而实现多层次的免疫逃逸。

在 NF-κB 信号通路的调控上，PEDV 展现出了复杂的时间依赖性模式。感染初期，PEDV 可能通过某种机制抑制了 NF-κB 的激活，以优化其生存环境；而在感染后期，则激活 NF-κB 以引发炎症反应。这种策略不仅体现了 PEDV 对宿主免疫系统的精准操控，也为其在宿主细胞内的持续存在和复制提供了有利条件。

与 SARS-CoV 等其他冠状病毒相比，PEDV 在 NF-κB 和 IFN 调控方面展现出了独特的策略和复杂性。例如，PEDV 的 E 蛋白和 N 蛋白通过不同的机制激活 NF-κB，而 N 蛋白又同时抑制 IFN-β 和 ISG 的表达，以及 IRF3 和 NF-κB 的激活。这种多层次的调控网络使得 PEDV 在逃避宿主免疫系统的同时，也能够在一定程度上操控宿主的炎症反应。

此外，PEDV 的 nsp5 作为 3C 样蛋白酶，通过剪切 NEMO 来扰乱 RIG-I/MDA5 信号通路，进而展现出 IFN 拮抗剂的作用，并可能间接影响 NF-κB 的调节。与 SARS-CoV 相似，PEDV 的 nsp14、nsp15 和 nsp16 可能也分别扮演核酸外切酶、核酸内切酶和 2′-O-甲基转移酶的角色，参与宿主天然免疫的逃逸机制，尽管这些假设尚需进一步验证。

特别值得注意的是，PEDV 的 M 蛋白在病毒包装和诱导中和抗体方面至关重要，但有趣的是，它也被发现具有 IFN 拮抗剂的功能。这一发现与 TGEV 的 M 蛋白形成鲜明对比，后者能诱导 IFN-α 的大量表达。这种功能上的差异可能源于不同病毒蛋白间的相互作用、翻译后修饰或病毒复制周期中的不同调控机制，是一个引人入胜的研究方向。

在 PEDV 的复杂基因组中，ORF3 作为一个附属蛋白，其具体的致病机制仍笼罩在神秘的面纱之下，成为科研探索的热点之一。引人注目的是，一些经过细胞适应性进化的 PEDV 毒株中，ORF3 基因出现了中间缺失的现象，这一发现如同线索般，强烈指向 ORF3 与病毒如何适应细胞环境及其致病潜能之间的深刻联系。

更有趣的是，ORF3 不仅仅是一个简单的病毒蛋白，它还展现出了离子通道蛋白的活性，这一独特性质让科学家们意识到，通过抑制 ORF3 的表达，或许能有效削弱病毒的复制能力，进而降低病毒产量。深入探索后，他们发现 ORF3 竟然能够巧妙地延长细胞分裂的 S 期，这一“操作”无疑是对细胞周期正常流转的干扰，进一步揭示了其在病毒-宿主相互作用中的微妙角色。

然而，关于 ORF3 在 PEDV 复制过程中的具体作用，学术界却存在着不同的声音。一方面，有研究报告指出，当 ORF3 发生突变时，PEDV 的全长感染克隆病毒在体外拯救的过程中遭遇了失败，这一结果似乎暗示了 ORF3 在体外条件下对病毒复制具有某种负调控作用。但另一方面，也有研究通过先进的 RNA 重组技术，彻底敲除了 ORF3 基因，却并未观察到 PEDV 复制能力的显著下降，这一发现又让人不禁思考，或许 ORF3 并非病毒复制不可或缺的要素。

尤为重要的是，ORF3 被发现能够抑制 I 型干扰素的产生，并在表达 ORF3 的细胞中促进囊泡的形成。这些发现不仅揭示了 ORF3 在病毒免疫逃逸策略中的潜在作用，还暗示它可能通过干扰宿主细胞的天然免疫机制来促进病毒感染。

（三）冠状病毒 NSP1 为多功能干扰素拮抗剂

冠状病毒的 nsp1 蛋白是通过具有 PLPro1 活性的 nsp3 酶对多聚蛋白 ppla 和 ppla/b 进行切割而产生的。值得注意的是，nsp1 基因在冠状病毒的不同属之间存在显著差异，其中仅 α-CoV 和 β-CoV 编码 nsp1，而 γ-CoV 和 δ-CoV 则缺失该基因。

除了序列和大小上的差异外，α-CoV 的 nsp1 相较于 β-CoV 显得更加精简且独特，其序列同源性较低，体现了病毒家族间的多样性。而 PEDV 的 nsp1 基因则编码了一个小巧的蛋白质，仅由 110 个氨基酸构成，分子量轻至约 12kDa，且未携带任何已知的细胞功能域，这一特征使其成为 PEDV 属特异性的一个遗传“指纹”。

尽管 α-CoV 和 β-CoV 的 nsp1 在序列层面上各具特色，但它们却共同拥有一种强大的功能——作为 IFN 的强力抑制剂。SARS-CoV 的 nsp1 作为强抑制剂而备受关注，其研究最为透彻，它抑制了由复杂启动子和 IFN-β 启动子诱导的报告基因表达，展现了其作为 IFN 拮抗剂的卓越能力。类似地，鼠肝炎病毒（MHV）和 HCoV-229E 的 nsp1 一样，它们通过干扰 IFN-β、干扰素刺激反应元件（SRE）以及 SV40 启动子等多种途径，对细胞的基因表达施加影响，进一步凸显了 nsp1 在调控宿主免疫反应中的重要作用。

无独有偶，MHV 的 nsp1 在生物体内也展现出了非凡的 IFN 抑制能力，它通过一种尚未完全阐明的机制，在小鼠体内有效抑制了 IFN-α/β 的产生，从而为病毒的复制扫清了障碍，这一发现再次强调了 nsp1 在冠状病毒生命周期中的关键角色。

SARS-CoV 和 MHV 的 nsp1 均定位于病毒感染的细胞质中，且

SARS-CoV 的 nsp1 能在不干扰 IRF3 二聚化的前提下，抑制 IFNmRNA 的积累。此外，SARS-CoV 的 nsp1 还能阻断 NF-κB、IRF3 和 IRF7 的激活，并通过抑制 STAT1 的磷酸化来阻断 IFN 依赖的信号通路。Bat-CoV 的 nsp1 也被发现能抑制Ⅰ型 IFN 和干扰素刺激基因（ISG）的形成。

值得注意的是，PEDV 的 nsp1 在功能上与上述病毒有所不同，它能进入细胞核并降解 CBP（CREB 结合蛋白），从而拮抗Ⅰ型 IFN 的形成。CBP 是调控基因转录的重要因子，而 p300 蛋白作为 CBP 的转录激活因子，具有组蛋白乙酰转移酶活性，在整合多信号依赖的基因转录中扮演关键角色。然而，PEDV 的 nsp1 并未改变 p300 的表达水平，而是特异性地降解了 CBP，进一步揭示了其在病毒免疫逃逸中的独特作用。

TGEV 的 nsp1 蛋白展现了一种独特的机制，能够在不依赖于 40S 核糖体亚基的条件下，直接抑制宿主细胞蛋白质的合成。这一发现强调了 TGEVnsp1 在病毒生命周期中干扰宿主细胞蛋白翻译过程的重要作用。另一方面，BCoV 的感染则通过 TLR7/8（Toll 样受体 7/8）依赖的信号通路，对宿主的免疫反应进行精细调控。BCoV 能够抑制Ⅰ型 IFN（干扰素）和促炎细胞因子的产生，这一过程看似矛盾，实则巧妙地激活了宿主的天然防御系统，但具体表现为抑制而非增强抗病毒反应。这种复杂的调控机制可能是 BCoV 为了在体内建立持久感染而进化出的一种策略。

尽管已有这些重要发现，但关于 TGEV 和 BCoV 的 nsp1 蛋白如何具体抑制 IFN 的具体分子机制，目前仍需要更为深入的研究来揭示。未来的研究可能会聚焦于这些 nsp1 蛋白与宿主细胞内关键信号分子的相互作用，以及它们如何干扰或重塑宿主的抗病毒信号通路。

五、抑制适应性免疫的研究

猪流行性腹泻病毒（PEDV）作为一种高度传染性的冠状病毒，对养猪业造成了巨大的经济损失。

PEDV，作为α冠状病毒属的重要成员，其独特的单股正链 RNA 基因组精密地编码了众多结构蛋白与非结构蛋白，这些蛋白在病毒的生命周期中扮演着关键角色。PEDV 主要通过粪便-口腔途径及直接的或间接的接触传播方式在猪群中迅速扩散，其对小肠上皮细胞的高度亲嗜性使得感染后的猪只，尤其是新生乳猪，极易出现严重的水样腹泻和呕吐症状，对养猪业构成了重大威胁。

PEDV 在感染过程中，展现出了强大的免疫逃逸能力，通过多种机制抑制宿主的适应性免疫反应。具体而言，PEDV 能够特异性地降解 STAT1 蛋白，这一关键分子在干扰素信号通路中起着至关重要的作用，其降解直接阻断了干扰素的正常信号传导，进而抑制了 IFN-β 等抗病毒因子的生成，削弱了宿主的抗病毒反应。此外，PEDV 还通过影响抗体产生和细胞免疫反应，如改变 T 细胞和 B 细胞的比例或功能，进一步削弱了宿主的免疫防线。尽管 PEDV 感染能够诱导体液免疫应答，产生特异性 IgA 和 IgG 抗体，但这些抗体的效价往往不足以完全控制感染，难以阻止病毒的持续复制和传播。

在 PEDV 的免疫防控过程中，面临着诸多挑战。首先，由于 PEDV 病毒株之间存在广泛的遗传变异，导致现有疫苗的保护效果不稳定，难以对所有流行毒株提供有效的免疫保护。其次，不同的免疫途径对疫苗效果的影响显著，但最佳免疫途径的选择仍然是一个需要深入研究的课题。此外，PEDV

常与其他肠道病毒发生混合感染，这种复杂的感染模式不仅增加了防控的难度，还可能引发更为严重的临床症状和病理变化。

为了应对 PEDV 带来的挑战，未来需要聚焦于 PEDV 免疫逃逸机制的深入研究，揭示病毒与宿主细胞相互作用的分子细节和机制。在此基础上，创新开发基因工程疫苗、mRNA 疫苗等新型高效疫苗，这些疫苗有望针对 PEDV 的免疫逃逸机制进行精准打击，提供更加持久和有效的免疫保护。同时，还需要结合疫情特点和养猪业的实际情况，优化免疫策略，包括选择合适的免疫时机、途径和剂量等，以全面提升养猪业对 PEDV 的防控能力。

（一）PEDV 结构蛋白在逃避宿主抗病毒天然免疫中的作用

1. PEDV S 蛋白

PEDV S 蛋白是一种位于病毒包膜上的 Ⅰ 型膜糖蛋白。根据功能和结构的不同，S 蛋白的胞外结构域分为 S1 和 S2 两个区域，N 端 S1 区域主要负责受体的结合，C 端膜锚定的 S2 区域主要参与病毒包膜与宿主细胞膜的融合。当 S1 区域与受体结合时，S 蛋白的构象发生变化，暴露蛋白酶裂解位点，随后被蛋白酶裂解为 S1 亚基和 S2 亚基，这有利于 S2 亚基中的融合肽插入宿主细胞膜并启动膜融合过程。而 PEDV 可以利用宿主的蛋白酶 TMPRSS2 和 MSPL 切割 S 蛋白，从而促进病毒与宿主细胞的膜融合过程，提高病毒复制水平。前期研究表明，PEDV 感染时通过激活线粒体细胞凋亡诱导因子诱导半胱天冬酶非依赖性凋亡，从而促进病毒复制。而 PEDV S1 蛋白是促进细胞凋亡的关键诱导剂，因此，PEDV 可能通过 S 蛋白诱导细胞凋亡来逃避宿主免疫反应，但是确切机制尚待进一步证实。此外，PEDV S 蛋白与 EGFRs 相互作用，通过 JAK2-STAT3 信号通路下调 IFN-Ⅰ的表达，从而促进 PEDV 复制。

2. PEDV N 蛋白

PEDV N 蛋白是一种与基因组 RNA 结合的磷酸化核衣壳蛋白，在病毒复制、转录和组装过程中发挥重要作用。由于 PEDV N 蛋白在感染早期能产生高水平的表达，因此可以作为 PEDV 感染初期诊断的靶标。先前研究表明 PEDV N 蛋白可以通过猪肠上皮细胞中的 TLR2、TLR3 和 TLR9 途径介导 NF-κB 活化。但是 PEDV N 蛋白也可以通过阻断 NF-κB 核易位来拮抗干扰素-λ 的产生。此外，PEDV N 蛋白通过直接与 TBK1 相互作用来抑制 IRF3 的活化和Ⅰ型 IFN 的产生。而有趣的是 TARDBP 可以通过蛋白酶体和自噬降解途径降解 N 蛋白，上调 MyD88 的表达，从而激活Ⅰ型 IFN 信号传导，有效抑制 PEDV 复制。

3. PEDV M 蛋白

PEDV M 蛋白是病毒颗粒外包膜的一种组分，属于Ⅲ型糖蛋白，由短氨基末端结构域和三个连续的跨膜结构域以及长羧基末端结构域组成。M 蛋白可以通过 cyclin A 途径诱导 S 期的细胞周期停滞。此外，M 蛋白通过下调翻译起始因子 3（eIF3L）的表达，促进病毒复制。Li 等人的研究表明，PEDV M 蛋白与 IRF7 的抑制结构域相互作用，显著抑制 TBK1/IKKε 诱导的 IRF7 磷酸化和二聚化，导致Ⅰ型 IFN 表达降低，但该过程不影响 TBK1/IKKε 与 IRF7 之间的相互作用。最新一项研究显示 PEDV M 蛋白可以与热休克蛋白 70 形成复合物，影响宿主的天然免疫反应和病毒复制。

4. PEDV E 蛋白

包膜蛋白是PEDV中最小的结构蛋白，参与病毒粒子组装和出芽等过程。它主要定位于ER中，引起ER应激并激活NF-κB通路，该通路负责上调IL-8和抗凋亡蛋白Bcl-2的表达。Zheng等人发现过表达PEDV E蛋白，可以显著下调了IFN-β和IFN刺激基因（ISG）的表达，进一步研究表明，E蛋白还通过与IRF3的直接互作，干扰了IRF3的核转位。当前，关于PEDV E蛋白的研究较少，其介导拮抗宿主天然免疫的机制有待进一步研究。

（二）PEDV辅助蛋白在逃避宿主抗病毒天然免疫中的作用

ORF3蛋白是PEDV基因组编码的唯一的辅助蛋白，被证明是毒力相关蛋白。ORF3蛋白除了促进了细胞中囊泡的形成外，还延长了细胞周期的S期。ORF3可以通过凋亡和自噬途径影响病毒的复制，一方面直接抑制感染细胞的凋亡来增强病毒增殖，另一方面，通过促进LC3-Ⅰ/LC3-Ⅱ的转化来诱导自噬发生。ORF3可聚集在内质网（ER）中，通过上调GRP78蛋白表达和激活PERK-eIF2α信号通路来触发ER应激反应。ORF3可通过与S蛋白互作，促进病毒的复制，但是其发挥调节作用的具体机制，有待进一步研究。Wu等人发现PEDV ORF3通过下调p65的表达和磷酸化水平来阻碍NF-κB活化，同时对于NF-κB核转位也具有抑制作用。

（三）PEDV非结构蛋白在逃避宿主抗病毒天然免疫中的作用

1. PEDV nsp1 非结构蛋白

通过降解细胞核中的CBP阻断IRF3和CBP（CREB结合蛋白）的结合，

进而抑制Ⅰ型 IFN 的表达，但是 nsp1 不干扰 IRF3 磷酸化和核易位。线粒体 MAVS 主要诱导Ⅰ型 IFN 的产生，过氧化物酶体 MAVS 则主要诱导 IFN-λ 的产生。IRF1 对于 IFN-λ 的过氧化物酶体 MAVS 依赖性激活途径具有重要的调控作用，而 nsp1 可以通过阻断 IRF1 的核易位并且减少过氧化物酶体的数量进而抑制 IRF1 诱导的Ⅲ型 IFN 的表达。最新研究表明，包括 PEDV 和 TGEV 在内的七种具有代表性的 α-冠状病毒的 nsp1s 可以显著抑制 STAT1-S727 的磷酸化并干扰 IFN-Ⅰ的产生。

2. PEDV nsp2 非结构蛋白

FBXW7 已经被证实能够增强 RIG-I 和 TBK1 表达和诱导干扰素刺激基因（ISGs）的表达，从而促进宿主细胞的抗病毒天然免疫，Li 等人发现 PEDVnsp2 可以与 FBXW7 互作，并促进 FBXW7 通过 K48 连接的泛素-蛋白酶体途径降解，从而下调宿主的抗病毒水平。

3. PEDV nsp3 和 nsp5 非结构蛋白

PEDVnsp3 编码具有去泛素化酶活性的木瓜蛋白酶样蛋白酶 2（PLP2），通过去泛素酶活性来拮抗由 RIG-I 和 STING 介导的信号转导，负调节 IFN-β 的表达。而 SCoV2-Plpro 同样具有去泛素酶活性，感染后，SCoV2-Plpro 可以降解 ISG15 的靶蛋白 IRF3，从而削弱Ⅰ型干扰素应答，此外，SCoV2-Plpro 对于 TBK1 和 IRF3 磷酸化及 IRF3 的核易位也具有较强的抑制作用。SARS-CoV-Plpro 则通过去除 TRAF3 和 TRAF6 的 Lys63 连接的多聚泛素化，抑制 TLR7 信号通路。nsp5 编码的 3C 样蛋白酶特异性靶向 NEMO 谷氨酸 231（Q231）以切割 NEMO 残基，从而拮抗Ⅰ型 IFN 的产生和下游

RIG-I/MDA5 信号通路的激活。

4. PEDV nsp7 非结构蛋白

Zhang 等人发现 PEDV nsp7 与 STAT1/STAT2 的 DNA 结合域相互作用，竞争性抑制核转运蛋白 A1（karyopherinα1，KPNA1）与 STAT1 的结合，而 KPNA1 作为核定位信号蛋白，参与 STAT1 和 STAT2 的核易位过程。但 nsp7 不影响 JAK1、Tyk2、STAT1 和 STAT2 等蛋白的磷酸化水平及干扰素刺激基因因子 3（ISGF3）复合物的形成。

5. PEDV nsp15 非结构蛋白

Yang 等人研究发现 PEDV nsp15 可以直接依赖其内切核糖核酸酶（EndoU）活性降解 TBK1 和 IRF3 的 mRNA 水平以下调 TBK1 和 IRF3 的表达，从而抑制 IFN 的产生并限制 IFN 刺激基因（ISGs）的诱导，协助 PEDV 逃逸宿主的天然免疫。Gao 等人证明 IBV nsp15 通过减少 dsRNA 积累逃避 PKR 识别从而抑制应激颗粒 SGs 的形成，并且 nsp15 的内切核糖核酸酶（EndoU）活性是抑制 SGs 形成所必需的。而在过表达 PEDVnsp15 的 LLC-PK1 细胞中同样检测到 eIF2α依赖性和非依赖性 SGs 的形成受到抑制。在多种过表达冠状病毒 nsp15 的细胞中发现了 PKR-eIF2α-SGs 信号传导阻滞的现象，这表明具有高度保守的催化核心结构域的 nsp15 可能在拮抗冠状病毒的整体反应中起主要作用。

6. PEDV 其他非结构蛋白

有研究报道，PEDVnsp6 可以诱导自噬，并通过 PI3K/Akt/mTOR 信号通路促进 PEDV 在 IPEC 细胞内上复制。PEDV nsp16 下调 RIG-I 和 MDA5 介导的 IFN-β 及 ISGs 的表达。IFIT 家族成员（IFIT1、IFIT2、IFIT3）的 mRNA 水平在过表达 nsp16 的细胞中受到抑制。此外，nsp10 增强了 nsp16 对 IFN-β 的抑制作用。

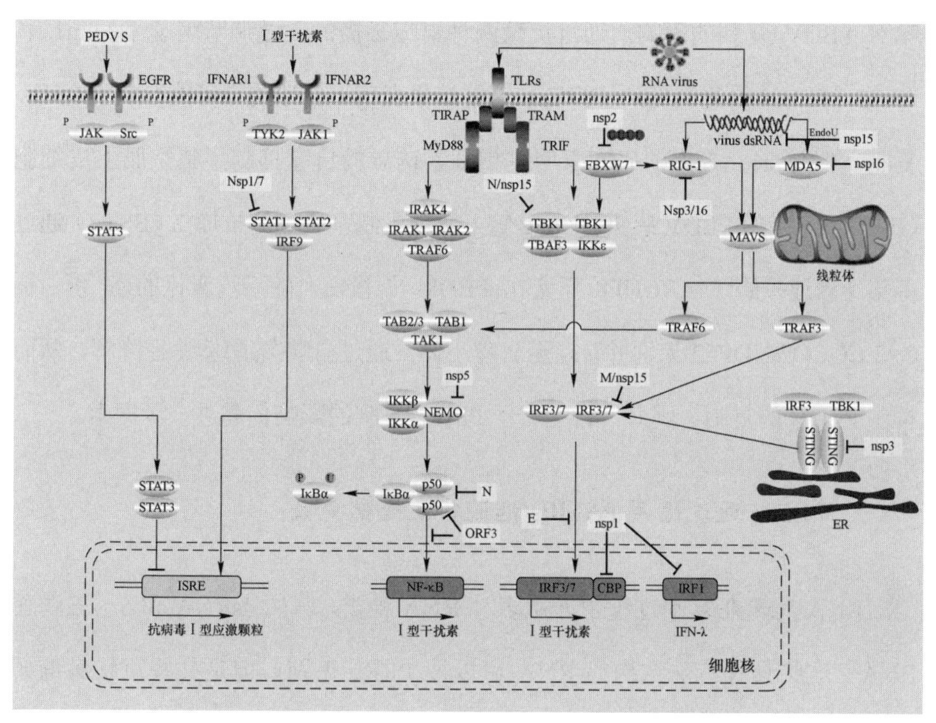

图 5-10 PEDV 蛋白与部分 PRR 信号通路互作网络示意图

（四）其他因素对于 PEDV 拮抗天然免疫的影响

1. 自噬对于 PEDV 感染的影响

先前的研究表明，自噬可以增强宿主的抗病毒天然免疫，因为自噬的降解过程可以杀灭病原体并将其抗原递呈给免疫系统。但自噬也可能促进病毒复制，如猪繁殖与呼吸综合征病毒和猪圆环病毒 2 型（PCV2）可以通过自噬来促进其自身的复制。因此自噬对于病毒复制的影响可能取决于病毒本身的特性。运用自噬调节药物研究自噬对 PEDV 感染的具体影响，发现自噬抑制剂 3-MA 在 PEDV 感染早期阶段能够抑制病毒的复制，而 CQ 则在 PEDV 感染后期阶段抑制病毒的复制。此外，雷帕霉素诱导的自噬提高了病毒滴度。为进一步评估自噬对 PEDV 复制的影响。通过沉默两种自噬必需的关键调节因子 Beclin1 和 ATG5，PEDV 的复制受到了抑制。这些结果表明，自噬诱导可能有益于 PEDV 复制。但是 Ko 等人的研究表明雷帕霉素诱导的自噬抑制了猪空肠上皮细胞（IPEC-J2）中的 PEDV 感染。Kong 等人发现骨髓基质细胞抗原 2（BST2）通过募集泛素连接酶 MARCHF8 泛素化 PEDV N 蛋白。随后泛素化的 N 蛋白被 CALCOCO2/NDP52 识别并转运至自噬小体，通过自噬-溶酶体途径降解，从而抑制 PEDV 的复制。因此，自噬对于 PEDV 复制的影响仍需进一步探索。

2. PEDV 通过隐藏 PAMPs 逃避宿主天然免疫

RNA 病毒在复制过程中产生多种 RNA 种类，例如 dsRNA 和 5′-三磷酸 RNA。这些具有特殊结构的 RNA 可以被 PRRs 识别。但是某些冠状病毒如 SARS-CoV-2 可以将内质网（ER）转化为双膜囊泡（DMV），这些双膜囊泡可能为病毒 RNA 的复制提供一个安全的场所，从而逃避宿主模式识别受体的识别。然而，DMV 是否在 PEDV 的感染过程中对其提供同样的保护，仍有待进一步证实。此外，病毒某些结构的内切核糖核酸酶活性及 5′末端 Cap 结构，也有利于病毒避免自身的 RNA 被识别和降解。PEDVnsp15 具有内切核糖核酸酶（EndoU）活性，可以通过减少 dsRNA 的积累，逃避 MDA5、PKR 等 PRRs 的识别。PEDV nsp16 是一种甲基转移酶，参与病毒 RNA 的加帽。这种修饰使病毒 RNA 与宿主细胞 mRNA 无法被区分，从而避免被 MDA5 识别。

3. 其他途径介导 PEDV 逃避宿主天然免疫

Guo 等人发现 PEDV 通过泛素-蛋白酶体途径介导 p-STAT1 的降解，抑制干扰素信号传导。PEDV 的感染诱导半胱天冬酶-8 介导的 G3BP1 裂解并破坏应激颗粒的形成以促进病毒复制。PARD3 属于 PDZ 蛋白家族成员，其作用是建立和维持上皮细胞间的紧密连接，PEDV 通过蛋白酶体依赖途径降解 PARD3，从而促进 PEDV 的增殖。

第二节　猪流行性腹泻疫苗

目前，全球范围内已实现商品化的猪流行性腹泻弱毒疫苗主要采用的病毒毒株包括 CV777 株、P-5V 株、KPED-9 株和 DR13 株。在国内市场，灭活疫苗占据主导地位，而弱毒疫苗则作为辅助选择。已经商品化的猪流行性腹泻疫苗种类繁多，其中包括猪传染性胃肠炎与猪流行性腹泻的二联灭活疫苗，采用 WH-1 株和 AJ1102 株制备的二联灭活疫苗，以及利用 HB08 株和 ZJ08 株制备的二联活疫苗。此外，还有一种三联活疫苗，它结合了猪传染性胃肠炎的弱毒化毒株、猪流行性腹泻的弱毒 CV777 株以及猪轮状病毒的 G5 型 NX 株。这些疫苗的免疫效果各异，例如，TGEV（WH-1）与 PEDV（AJ1102）的二联灭活疫苗能提供长达 3 个月的主动免疫保护，而新生仔猪的被动免疫保护期则可达断奶后 7 d。相比之下，TGEV（HB08）与 PEDV（ZJ08）的二联疫苗主动免疫持续期为 6 个月，新生仔猪的被动免疫保护期更是延长至断奶后 35 d。三联活疫苗的主动免疫持续期同样为 6 个月，而仔猪的被动免疫保护期为断奶后 7 d。

然而，近年来猪流行性腹泻疫情的频发，使得研究人员发现以 CV777 毒株为代表的经典毒株所生产的疫苗在猪体内的保护效果并不理想，免疫失败的现象时有发生。2015 年，Chen 等人在我国分离的 LC 毒株与传统的 CV777 毒株进行了比较，发现两者之间存在 897 个核苷酸的差异，这些差异主要集中在 ORF1 和 *S* 基因上。类似的基因缺失和插入也存在于 2010—2012 年间中国分离的其他毒株中，如 BJ-2011-1、CH/FJND-3/2011 和 GD-B。这些研究表明，我国流行的 PEDV 毒株在基因位点上发生了特征性突变，与之前的毒株相比，现有的 PEDV 毒株在抗原位点上可能已经发生了变异，导致致病性和抗原位点也相应改变，从而使得现有的灭活疫苗免疫效果不佳，无法为新生仔猪提供有效的免疫保护。

一、传统疫苗

目前，猪流行性腹泻在临床防控方面采用的主要是传统疫苗，包括组织灭活苗、细胞灭活苗及弱毒疫苗（表 5-1），这些疫苗在猪流行性腹泻的防控中起着非常重要的作用。1993 年，Wang 等人通过对仔猪口服强毒 PEDV 并收集其肠道内容物和组织制备了 PEDV 灭活组织疫苗。将样品灭活后制成乳剂，注射到尾根部进行免疫（Wang et al. 1993）。oMa 等人（1994）通过在 Vero 细胞中减毒 CV777 菌株，研制出一种氢氧化铝佐剂灭活疫苗，尾根后海穴注射后，仔猪的主动免疫率和被动免疫率均超过 85%（Ma et al. 1994）。1995 年，同一研究小组成功研制出商品化的 TGEV 和 PEDV 二价灭活疫苗（Ma et al. 1995）。Tong et al.（1998）证实 PEDV CV777 减毒株适合制备减毒疫苗，并通过体外连续传代制备了 PEDV 减毒株（Tong et al. 1998），1999

年研制出商品化的 TGEV 和 PEDV 二价减毒疫苗，TGEV 和 PEDV 减毒克隆的比例为 1:1，主动免疫接种率为 97.7%。被动免疫接种率为 98%（Tong et al. 1999）。这两种商业化疫苗中使用的 PEDV 毒株都是典型的 CV777 毒株。2010 年以前，这两种疫苗在中国养猪场广泛使用，在控制 PEDV 和 TGEV 感染方面发挥了非常重要的作用。

表 5-1 国内现有商品化 PEDV 疫苗

疫苗类	毒株	生产公司	免疫途径	免疫程序
PEDV＋TGEV 二联灭活疫苗	CV777 株＋华毒株	江苏南农高科技股份有限公司； 哈药集团生物疫苗公司； 上海海利生物技术股份有限公司； 广东温氏大华农生物科技有限公司	后海穴注射	母猪跟胎免疫，妊娠期免疫 2～3 次（4.0 mL）； 产后 3～5 d 免疫母猪一次； 仔猪腹泻断奶前 5～7 d 肌注免疫仔猪一次（2.0 mL），发病猪场，全群普免 2 次，间隔 2 周
PEDV＋TGEV 二联减毒疫苗	AJ1102 株＋WH-1 株	武汉科前生物股份有限公司	肌肉注射	母猪产前 4～5 周接种 1 头份（2.0 mL）；新生仔猪于 3～5 d 接种 0.5 头份（1.0 mL）；其他日龄的猪每次接种 1 头份（2.0 mL）
PEDV＋TGEV＋RV 三联弱毒疫苗	AJ1102-R 株＋WH-1 株 HB08 株＋ZJ08 株 SCSZ-1 株＋SCJY-1 株 弱毒 CV777＋弱毒华毒株＋NX 株	武汉科前生物股份有限公司 瑞普（保定）生物药业有限公司 华派生物工程集团有限公司 吉林正业生物制品股份有限公司；上海海利生物技术股份有限公司	肌肉注射 肌肉注射 肌肉或后海穴注射 后海穴注射	母猪产前 4～5 周接种 2 头份；仔猪于断奶后 7～10 d 接种 1 头份，非免疫母猪所产仔猪于 3 日龄接种 1 头份 母猪于产前 3～4 周肌注 2 头份；免疫母猪所产仔猪于断奶 1 周内接种 1 头份；非免疫母猪所产仔猪于 3～5 d 接种 1 头份 母猪：跟胎免疫，产前免疫 2 次，接种 1～2 头份 后备母猪：配种前接种 2 次，每次 1 头份 公猪：每年接种 3 次，每次 1～2 头份。 仔猪：断奶后 7～10 d 肌注 1 头份 全群普免 1～2 次，间隔 2～3 周，每次 1 头份 紧急情况，仔猪超免口服 1 头份 母猪于产仔前 40 d 接种，20 d 后二免，每次 1.0 mL；免疫母猪所生仔猪于断奶后 7～10 d 接种疫苗 1.0 mL；未免疫母猪所产仔猪 3 日龄接种 1.0 mL

（一）组织灭活疫苗

组织灭活疫苗是一种独特的疫苗类型，其制备过程涉及首先从病料中分离出特定的病毒毒株，随后使用这些毒株去感染健康的动物。待这些动物发病后，科研人员会选择它们体内病毒含量最高的组织进行提取。这些含有大量病毒的组织随后会经过灭活处理，并添加适当的佐剂，以制成最终的疫苗产品。由于这种疫苗采用的是已经灭活的病毒或病毒感染的组织，因此它具有高度的安全性，并且相对容易进行运输和保存。

在国内，猪流行性腹泻的防控历史上，组织灭活疫苗扮演了重要角色。早在 1993 年，王明等[①]科研人员就采用了沪毒株来感染新生仔猪，并从这些仔猪体内采集了小肠组织及其内容物。他们以氢氧化铝作为佐剂，成功研制出了国内首款针对猪流行性腹泻的组织灭活疫苗。为了验证这款疫苗的有效性，科研人员通过特定的后海穴注射方法，对仔猪和妊娠母猪进行了疫苗接种试验。经过检测，他们发现无论是母猪还是仔猪，在接种疫苗后的 14 d 内都能开始产生强烈的中和抗体。进一步的数据显示，以 0.1 mL/头的剂量对 3 d 龄的仔猪进行免疫接种，其有效保护率达到了 77.28%；而当以 0.5 mL/头的剂量对 3～22 d 龄的仔猪进行免疫时，有效保护率更是提升到了 85%；对于妊娠母猪，以 5 mL/头的剂量进行免疫，其对所产仔猪的有效保护率更是高达 97%。

这一研究成果在当时取得了显著的免疫效果，为猪群提供了长时间的保护，使它们免受野生毒株的侵袭。而且，这种疫苗的免疫期长达 6 个月，为猪流行性腹泻的防控工作提供了有力的支持。灭活疫苗以其特殊的安全性和

① 王明，马思奇，周金法，等. 猪流行性腹泻灭活疫苗的研究［J］. 中国畜禽传染病，1993（5）：17-19.

简单的生产过程而闻名。然而，它们的免疫原性可能在灭活过程中受到损害，通常需要重复和加强剂量。

（二）细胞灭活疫苗

细胞灭活疫苗是一种先进的疫苗制备技术，其制备过程涉及将分离得到的病毒毒株接种到适宜病毒生长的细胞中，经过传代培养后，再进行灭活处理，最终制成疫苗。1994 年，马思奇等[①]科研人员以氢氧化铝为佐剂，成功研制了针对猪传染性胃肠炎和猪流行性腹泻病毒的二联疫苗。这款疫苗的免疫期长达 6 个月，为仔猪提供了强大的主动免疫保护，保护率高达 88.89%。

随后，在 2005 年，邹勇等科研人员又取得了新的突破。他们采用了 PEDV 的 S 毒株，成功制备了猪流行性腹泻-猪传染性胃肠炎-猪轮状病毒的三联疫苗。临床试验结果显示，这款疫苗对仔猪的保护率达到了惊人的 93%。而通过向妊娠母猪接种这款疫苗，对仔猪的被动免疫保护率更是高达 98%，为仔猪的健康提供了坚实的保障。

与组织灭活疫苗相比，细胞灭活疫苗的生产工艺更为简洁高效，成本也相对较低。这使得细胞灭活疫苗在猪流行性腹泻的防控中具有了更广泛的应用前景。其良好的保护效果也得到了广大养殖户和科研人员的认可。

无论是组织灭活疫苗还是细胞灭活疫苗，其效果和免疫持久度都与所采用的 PEDV 毒株和抗原含量密切相关。此外，灭活疫苗在激发机体黏膜免疫方面存在一定的局限性，免疫效果不理想的情况下往往需要进行多次接种。

---

① 马思奇，王明，周金法，等. 猪流行性腹泻病毒适应 Vero 细胞培养及以传代细胞毒制备氢氧化铝灭活疫苗免疫效力试验［J］. 中国畜禽传染病，1994（2）：15-19.

这就给规模化养殖场的免疫工作带来了一定的挑战和不便。因此，在未来的疫苗研发中，笔者需要进一步探索更为高效、便捷的免疫策略，以更好地保障猪群的健康和生产效益。

（三）弱毒苗

弱毒疫苗，作为一种先进的活疫苗，其制备过程涉及采用经过特殊处理、致病力显著减弱的毒株。这类疫苗保留了病毒的感染力，但巧妙地削弱了其致病力，从而在保证安全性的同时，有效刺激机体产生持续的免疫反应。由于其制备过程中使用了能够正常增殖的弱毒株，因此弱毒疫苗在临床上被广泛应用，并显示出卓越的免疫效果。

1999 年，佟有恩等[①]科研人员在猪流行性腹泻防控领域取得了重要突破。他们成功以猪流行性腹泻 CV777 毒株为基础，克隆培育出了弱毒株，并进一步研制出了该弱毒株与猪传染性胃肠炎病毒的二联活疫苗。临床试验结果显示，这款疫苗的主动免疫率高达 97.7%，为新生仔猪提供了强大的被动免疫保护，保护率达到了 98%。

2015 年 3 月，我国猪传染性胃肠炎-猪流行性腹泻-猪轮状病毒三联活疫苗成功上市。这款疫苗不仅为主动免疫提供了长达 6 个月的持续保护，还为仔猪的被动免疫提供了长达断奶后 7 d 的保护期，为猪群的健康提供了更加全面的保障。

弱毒疫苗的优点在于其卓越的免疫原性。它能够在不添加任何佐剂的情况下，诱导机体产生强烈的细胞免疫反应，并分泌 IgA（sIgA）。这意味着，

---

① 佟有恩，冯力，李伟杰，等. 猪传染性胃肠炎与猪流行性腹泻二联弱毒疫苗的研 究［J］. 中国预防兽医学报，1999（6）：406-410.

只需一次免疫，机体便能获得较长时间的免疫力，大大降低了免疫接种的频率和成本。

由于弱毒疫苗是活的病原体，其病毒活性直接决定了免疫效果。因此，在保存和运输过程中，弱毒疫苗需要满足一定的条件，以确保其活性和有效性。此外，尽管弱毒疫苗经过特殊处理降低了致病力，但仍存在恢复强毒性的风险。同时，接种后的动物有可能通过粪便向环境中排放病毒，这在一定程度上增加了疾病传播的风险。因此，在使用弱毒疫苗时，需要谨慎考虑并采取相应的预防措施。

二、新型疫苗

除了传统的灭活疫苗和弱毒疫苗外，目前国内外还在积极研发多种新型疫苗，这些新型疫苗大多采用了基因工程技术，如亚单位疫苗、病毒样颗粒疫苗、重组活载体疫苗以及核酸疫苗等。Hou 等构建了表达 PEDV-N 蛋白的乳杆菌，刺激猪肠黏膜产生 n 蛋白特异性免疫球蛋白 a（IgA）和 IgG（Hou etal，2007）。Ge 等人发现，口服表达 N 蛋白和核心中和表位的乳酸菌疫苗可刺激小肠局部免疫反应和对 PEDV 的全身免疫反应（Ge et al. 2009，Ge et al. 2012）。Liu 等构建的表达 PEDV-N 基因或 *S* 基因 S1 区的重组乳酸菌口服免疫，可有效增强黏膜和全身免疫应答（Liu et al. 2012）。Meng 等构建了表达 PEDV *S* 基因的重组真核质粒，接种动物显诎较高的抗 PEDV 抗体水平和细胞免疫力（Meng et al. 2013）。口服 PEDV 疫苗和 DNA 疫苗的研究正在进行中，尚未使用任何批准的产品。新一代疫苗的研究将为疫苗开发提供新的策略，并使 PEDV 高效疫苗的开发成为可能。

然而，在国内动物疫苗市场上，已经商品化的新型疫苗仍然较为罕见。

迄今为止，现有的PEDV疫苗在安全性和有效性上仍存在一些不足之处。灭活疫苗、减毒活疫苗或重组病毒疫苗虽然能够产生强烈且长期的免疫应答，但频繁使用可能会带来一些不良反应，如免疫有效性降低和疾病残留风险。而编码抗原的RNA/DNA疫苗虽然安全性高、耐受性良好且生产速度快，但往往免疫原性较差，并且对储存温度和特殊递送系统有一定的要求。对新生仔猪而言，它们可以通过摄入初乳和牛奶来获得被动泌乳免疫（IgG 和 IgA），从而提高存活率。因此，早期母源性免疫对于新生仔猪的被动保护至关重要，而母源产前免疫接种也已被成功应用。

传统的PEDV疫苗主要包括灭活疫苗和减毒活疫苗。这些疫苗的优点在于安全性良好且易于生产。然而，灭活疫苗由于病毒无复制功能，需要通过多次免疫来提高免疫原性。相比之下，减毒活疫苗的免疫原性非常高，单次免疫即可诱导产生保护性免疫。但在体外分离PEDV非常困难，特别是对于流行的变异毒株。即使成功分离出这些毒株，它们也不一定具有高滴度。早在1993年，PEDV组织灭活疫苗就可以为仔猪提供长达6个月的免疫保护。1994年，经过28代连续细胞培养的PEDVCV777菌株减毒后，免疫后的仔猪有 80%以上具有保护作用。2015 年 3 月，中国批准了三价减毒活疫苗（PEDV、TGEV 和 RV）。次年，科研人员利用韩国流行的 PEDV 毒株 KNU-141112生产了一种PEDV灭活疫苗。在强毒毒株攻毒和粪便中病毒脱落等腹泻程度明显降低后，接种仔猪的存活率达到了约92%。高毒力流行病毒株CT在Vero细胞中连续传代至120代（P120），P120具有较高的病毒滴度和较好的细胞适应性，并具有更明显的细胞病变效应。

为克服现代疫苗保护性免疫水平较低的问题，一些研究人员开始通过

反向基因操作系统对病毒进行修饰，以降低其毒力但保持其免疫原性，从而开发出有效的减毒活疫苗和亚单位疫苗。亚单位疫苗利用来自病原体的蛋白质抗原来引发免疫反应，出于安全性和稳定性的考虑，这是一种有吸引力的选择。然而，亚单位疫苗通常免疫原性较低，因此需要佐剂并多次加强注射才能引发长期免疫应答。为了提高抗体应答水平，一种策略是设计多种抗原呈递纳米颗粒，整合各种抗原成分以改善免疫效果。PEDV 疫苗毒株在免疫后可提供约 90%的保护。PEDVS 蛋白作为主要靶点被用来开发亚单位疫苗。近年来，研究人员利用大肠杆菌、枯草芽孢杆菌、杆状病毒、腺病毒、乳酸杆菌和转基因植物的表达系统表达了部分 PEDVS 蛋白，包括 COE 和 S1 或全长的 S 蛋白。由于亚单位疫苗安全性相对较高，因此建立完整的亚单位疫苗生产体系对于快速应对突发疫情具有重要意义。

（一）亚单位疫苗

亚单位疫苗是一种创新的疫苗类型，其核心原理在于将病原体的关键抗原基因与高效表达的质粒进行链接重组，随后将这一重组结构导入到适当的表达载体中，如大肠杆菌或动物细胞。在这一过程中，目的蛋白能够在载体中实现高效表达，并经过纯化步骤获得。最终，将纯化后的蛋白与精心选择的佐剂混合，即制成了亚单位疫苗。这类疫苗具有显著的优点，包括良好的免疫原性和高度的安全性。接种亚单位疫苗的动物不会向环境中释放病毒，从而有效降低了风险。发展全面的亚单位疫苗对于迅速应对突发流行病暴发至关重要。

在2012年，焦茂兴等[①]采用了先进的PCR和重组RT-PCR技术，成功地扩增出了猪流行性腹泻病毒疫苗株的膜蛋白（M）和纤突蛋白（S）基因。他们进一步利用腺病毒穿梭质粒构建了重组的穿梭质粒，并成功地使其感染了Vero细胞。通过对感染后细胞的上清液进行免疫特性研究，他们发现Vero细胞所表达的蛋白能够有效地诱导小鼠产生特异性的体液免疫应答。

同年，黄春娟[②]也进行了相关研究，她以大肠杆菌LTB为载体，制备了猪流行性腹泻亚单位疫苗。在与灭活疫苗的对照组进行比较时，她发现虽然在免疫接种后的14 d内，亚单位疫苗组的小鼠产生的抗体滴度高于灭活疫苗组，但在21 d后，其抗体滴度却明显下降，低于灭活疫苗组。这一现象表明，亚单位疫苗由于其成分主要是抗原基因表达的蛋白，因此在体内的浓度会随着代谢而逐渐减少，无法长时间维持有效的免疫保护。这也为亚单位疫苗的研发和应用提出了新的挑战和思考方向。

（二）病毒样颗粒疫苗

病毒样颗粒（VLPs）疫苗是一种先进的疫苗类型，它利用基因工程技术，将目标抗原蛋白的基因与其他或同种病毒的单一或多个结构蛋白进行克隆重组并表达。这些表达的蛋白能够自行装配，最终形成一个高度结构化的蛋白颗粒。值得注意的是，VLPs疫苗不含核酸和调节蛋白，因此不具备复制能力，但它们保留了正常病毒颗粒的嗜性，能够进入宿主细胞并激发全面的免疫反应。

---

① 焦茂兴，吴锋，刘德辉，等. 猪流行性腹泻病毒重组腺病毒疫苗的构建及小鼠免疫试验［J］. 中国畜牧兽医，2012，39（2）：11-16.

② 黄春娟. 以大肠杆菌LTB为载体的PEDV亚单位疫苗及其佐剂研究［D］. 南京：南京农业大学，2014.

2017年，王翠玲[①]选择了PEDV的纤突蛋白（S）、膜蛋白（M）、包膜蛋白（E）基因分别与昆虫-杆状病毒和霍乱毒素B亚基（CTB）构建重组分别得到了PEDVVLPs组rpFastBac-Dual-2S、rpFastBac-Dual-2M、rpFastBac-Dual-2E重组质粒和嵌合CTB的PEDVVLPs组rpFastBac-Dual-2S、rpFastBac-Dual-2M、rpFastBac-Dual-2E重组质粒，并共同感染了Sf9细胞，经过间接免疫荧光方法鉴定，细胞成功表达出PEDV的病毒样颗粒。将纯化后的PEDV的病毒样颗粒疫苗经肌肉注射免疫小鼠，14 d后小鼠产生了较高水平的特异性免疫，对小鼠的脾淋巴进行ELISpot分析后显示嵌合CTB的PEDVVLPs组的小鼠分泌IFN-γ和IL-4水平显著高于PEDVVLPs组，说明嵌合CTB的PEDVVLPs组能够有效地诱导黏膜免疫。然后再使用这两组疫苗经口服免疫产前28 d的母猪，14 d后检测母猪的血液抗体水平，嵌合CTB的PEDVVLPs组明显高于PEDVVLPs组。但由于病毒样颗粒疫苗与亚单位疫苗都是蛋白质，其免疫的有效期还需要进一步研究。

随后，王翠玲将纯化后的PEDV病毒样颗粒疫苗通过肌肉注射方式免疫小鼠。14 d后，小鼠产生了较高水平的特异性免疫。对小鼠的脾淋巴进行ELISpot分析后显示，嵌合CTB的PEDVVLPs组的小鼠分泌IFN-γ和IL-4的水平显著高于PEDVVLPs组，这表明嵌合CTB的PEDVVLPs组能够更有效地诱导黏膜免疫。

为了进一步验证疫苗的效果，王翠玲还使用这两组疫苗经口服免疫产前28 d的母猪。14 d后检测母猪的血液抗体水平，结果发现嵌合CTB的PEDVVLPs组的抗体水平明显高于PEDVVLPs组。然而，由于病毒样颗粒疫苗与亚单位疫苗都是基于蛋白质的，因此其免疫的有效期还需要进一步的

① 王翠玲. PEDV病毒样颗粒的构建与免疫原性研究［D］. 石河子：石河子大学，2017.

研究来确认。这一发现为 PEDV 疫苗的研发提供了新的思路和方法。

（三）重组活载体疫苗

重组活载体疫苗是一种创新的疫苗类型，其核心在于将病毒抗原基因重组后的质粒导入到适合的载体中，从而制成能够持续有效地表达抗原的疫苗。这一独特的特点为疫苗设计提供了新的思路，即通过多抗原基因重组入适合的载体的方式，可以设计出具有多价或多联效果的疫苗，进一步提升疫苗的免疫效果和应用范围。

在 2003 年，Bae 等研究者[①]进行了一项开创性的研究。他们将猪流行性腹泻病毒（PEDV）的保护性抗原基因（COE）克隆并转化到烟草植物中。经过检测，他们发现转化后的植株叶片中含有高达 10 μg/g 的抗原。为了验证这一抗原的免疫原性，他们给小鼠注射接种了 50～100 μg 的蛋白提取液。随后，他们抽取了小鼠的血液进行血清蚀斑减数中和试验。结果表明，该烟草表达的蛋白确实具有免疫原性，能够激发小鼠的免疫反应。

为了进一步证明口服该疫苗也能够产生全身及黏膜的免疫应答，Bae 等还给小鼠喂食了蛋白提取液，并进行了 ELISA 检测。他们发现，在血清和粪便中都存在大量的特异性抗原 IgG 和 IgA，这表明口服该疫苗确实能够引发小鼠的全身及黏膜免疫应答。

在 2005 年，Kang 等[②]在此基础上进行了进一步的研究。他们选择了没

---

① BAE J L,LEEJ G,KANG T H,et al. Induction of antigen-specific systemic and mucosal immune responses by feeding animals transgenic plants expressing the antigen［J］. Vaccine，2003，21（25）：4052-4058.

② KANG T J,SEO JE,KIM D H,et al. Cloning and sequence analysis of the Korean strain of spike gene of porcine epidemic diarrhea virus and expression of its neutralizing epitope in plants［J］. Protein Expr Purif，2005，41（2）：378-383.

有尼古丁的烟草作为表达载体，并成功表达了猪流行性腹泻病毒（K-COE）的中和表位基因。与 Bae 等的研究相比，他们发现外源抗原基因的蛋白表达量占全部可溶性植物蛋白的 2.1%，这一表达量约是 Bae 等研究表达量的 5 倍。这一显著的提高为可口服转基因植物疫苗的研究奠定了坚实的基础，为未来的疫苗研发提供了新的思路和方法。

（四）核酸疫苗

核酸疫苗，作为一种先进的疫苗类型，其制备过程涉及将编码特定抗原的基因重组入真核表达载体，并直接导入动物体内。这一创新策略使得外源基因能够在宿主体内表达，进而激活宿主的免疫系统，诱导产生与传统疫苗接种相似的免疫应答，从而达到预防疾病的目的。核酸疫苗的免疫途径多样，包括但不限于皮下注射、肌肉注射、静脉注射以及表皮划痕等。然而，Grosfeld 等人[①]的研究证实，肌肉注射在诱导机体产生外源基因表达和长期免疫应答方面表现出显著优势，为动物提供了更为有效的保护。

肌细胞在摄取核酸疫苗并诱导机体产生免疫应答方面展现出的强大特性，可能与肌肉组织的独特结构密切相关。具体而言，骨骼肌细胞作为多核细胞，其肌浆网相对丰富，横管系统含有细胞外液，并能够深入肌细胞内部。这种结构特点使骨骼肌细胞在摄取和吸收 DNA 以及表达蛋白质方面的能力比其他组织高出 100～000 倍，为核酸疫苗的有效性提供了有力的生物学基础。

① GROSFELD H，COHEN S，BINO T，et al.　Effective protective immunity toYersinia pestis infection conferred by DNA vaccine coding for derivatives of the F1 capsular antigen［J］. Infection& Immunity，2003，71（1）：374-383.

在 2013 年，向敏等[①]研究者进行了一项具有重要意义的研究。他们将猪流行性腹泻的保护抗原基因（COE）巧妙地插入到 pIRES2-EGFP 载体中，成功构建了真核表达载体，并在 Vero 细胞中进行了表达。通过 Westernblot 分析，他们证实该重组后的 pIRES2-EGFP 载体能够有效地表达 PEDVCOE 基因。进一步的研究显示，将该重组质粒接种到小鼠体内后，通过间接 ELISA 检测，他们发现该核酸疫苗成功地诱导了小鼠体内产生了相应的抗体，这一发现为核酸疫苗在预防猪流行性腹泻方面的应用提供了有力的实验证据。

（五）乳酸杆菌疫苗

微生态制剂作为一种重要的调节手段，主要用于平衡和优化机体肠道菌群。其中，乳酸杆菌因其安全性及益生菌特性，在动物肠道内能够稳定存活而不引发疾病，近年来备受科学界关注。基于乳酸杆菌系统，科研人员开发出了一种新型的口服疫苗——乳酸杆菌口服疫苗。这种疫苗通过表达病原的抗原基因，并借助口服接种的方式，能够有效刺激机体的黏膜免疫系统，诱导产生特异性的 sIgA 抗体，从而显著提升机体对病原的抵抗力，有效预防诸如 PED 等疾病的发生。

早在 2007 年，有研究人员就报道了乳酸菌能够表达 PEDV 的 N 蛋白，并成功刺激机体产生针对该蛋白的循环抗体 IgG 以及黏膜抗体 IgA。这一发现为乳酸杆菌口服疫苗的研发奠定了重要基础。随后，在 2008 年，有研究者进一步构建了重组 PEDV COE 基因的乳酸乳球菌，并通过免疫荧光分析证实了 COE 蛋白的表达具有良好的反应原性。

---

① 向敏，张洁，高其双，等. 猪流行性腹泻病毒 COE 核酸疫苗的构建及免疫原性［J］. 中国兽医学报，2013，33（11）：1627-1630.

乳酸杆菌活载体疫苗的生产工艺相对简单，成本也较低廉，因此具有广阔的应用前景。然而，目前的相关研究仍面临一些挑战。尽管乳酸杆菌已经能够表达少数抗原，但对于大多数抗原而言，其表达效率仍然有限，无法充分诱导全面的免疫反应，特别是黏膜免疫反应。因此，未来的研究需要进一步优化乳酸杆菌的表达系统，提高其对抗原的表达能力，以期开发出更加高效、全面的乳酸杆菌口服疫苗。

（六）转基因植物疫苗

转基因植物疫苗以转基因植物作为外源蛋白的天然生物反应器，将 PEDV 的抗原基因（如 *S* 基因）导入植物体，使其在植物的食用部位表达积累。人类或牲畜通过食用这些转基因植物，可以获得抗原蛋白，进而引起消化道的黏膜免疫反应，刺激黏膜 FB 淋巴细胞产生抗原特异性 B 淋巴细胞，分泌 IgA 抗体，从而起到对机体的保护作用。

（七）新型疫苗存在的问题

亚单位疫苗的优势显著，其不含有病原基因，因此彻底排除了向环境中排毒以及因基因重组导致毒力返强的风险，确保了极高的安全性。同时，亚单位疫苗展现出良好的免疫原性，特别适用于新生仔猪的免疫。然而，其免疫效果方面的局限性也较为明显。由于缺乏病毒抗原基因，亚单位疫苗在体内难以维持稳定的抗原浓度，导致免疫有效期相较于其他疫苗较短。此外，为确保表达蛋白的抗原性，亚单位疫苗对质粒和载体的选择有着严格的要求，同时，表达蛋白的分离与提纯过程也增加了生产工艺的复杂性和生产成本。

相比之下，病毒样颗粒疫苗具有更加稳定的结构性病毒样蛋白质颗粒，免疫原性更佳，且安全性高。但在免疫有效期方面，病毒样颗粒疫苗与亚单位疫苗一样，仍需进一步研究。

活载体疫苗在免疫操作上更为便捷，主要以口服方式接种。近年来，以乳酸菌作为载体的疫苗越来越受到关注。乳酸菌作为人和许多动物肠道内的常见菌群，具有调节肠道微生态平衡、促进营养成分吸收等多重优点。以乳酸菌作为载体的疫苗不仅生理活性良好，还能有效调节机体的免疫水平，提高抗原的免疫原性。同时，乳酸菌活载体疫苗的生产工艺相对简单，成本也较低，因此具有广阔的应用前景。

核酸疫苗虽然拥有众多优点，但目前仍存在一些问题。尽管核酸疫苗能够避免母源抗体的干扰，且不具有传染性，相对安全，但其通过质粒导入动物细胞的效率并不高。此外，外源基因在体内长时间表达以及可能发生的细胞间转移，也引发了应用安全性的担忧，这些问题仍需进一步研究和验证。然而，与传统疫苗和亚单位疫苗相比，核酸疫苗能够更长期地激发机体的体液和细胞免疫反应。对幼龄动物而言，核酸疫苗可以不受母源抗体的干扰，实现更早的接种，并对仔猪提供更好的保护作用。在制备工艺上，核酸疫苗可以根据相应的抗原基因，通过质粒设计成多价或多联疫苗，这一特点使其具有更高的灵活性和适应性。同时，核酸疫苗还可以省去体外表达和分离提纯的过程，简化了生产流程，降低了成本。此外，核酸疫苗还可以根据临床诊断或检测的需要制成标记性疫苗，为疾病的预防和控制提供了新的手段。

综上所述，各类疫苗均展现出其独特的优势与存在的短板。为了更全面地了解这些特点并提出相应的改进策略，现将相关内容总结归纳于表 5-2 中。

表 5-2　PEDV 疫苗优缺点与改进策略

种类	优点	缺点	改进策略
灭活疫苗	安全性好，制备工艺简单，稳定性好，运输方便	免疫保护力差，需多次大量接种，大部分无法口服免疫	添加具有免疫增强效果的佐剂、免疫趋化因子等，提高制备工艺对病原进行浓缩
弱毒疫苗	接种后短时间内即可产生抗体，免疫原性好	易返毒、散毒，不易运输和保存	敲除毒力相关基因，紧急接种时使用，采用真空冻干等工艺
亚单位疫苗	安全性好，可大规模生产，易于储存和运输	免疫原性差，须多次接种	将半抗原与病毒样颗粒和纳米颗粒结合
细菌活载体疫苗	可容纳大量外源基因，可口服，诱导黏膜免疫效果好，载体本身起到了免疫	免疫效率低，需要多次接种，易出现免疫耐受与毒力返强	筛选能稳定遗传、更安全的菌株，研发新的免疫策略
病毒活载体疫苗	与细菌活载体疫苗类似，病毒载体包裹抗原增强了免疫效果	易出现免疫耐受和返祖现象，抗原基因易与病毒载体基因组整合	改进病毒载体的致弱策略
核酸疫苗	可在宿主细胞内稳定表达抗原，研发周期短	DNA 疫苗易与宿主细胞整合，RNA 疫苗稳定性差，运输与储存条件严格	优化载体质粒的启动子、增强子、内含子等调控元件，借助其他载体进行包裹后递送
转基因植物疫苗	可避免其他动物病原的污染，无须低温储存，植物细胞壁可对抗原蛋白进行保护，避免被酶消化，稳定性好	抗原表达效率低，免疫原性差，易出现基因污染	优化启动子或受体植物，把抗原基因导入到叶绿体 DNA 中，提升纯化工艺
纳米疫苗	良好的生物相容性、生物可降解性以及抗原负载能力；具有长效免疫保护能力，有效激活 APC 对抗原的摄取，有利于诱导 DC 的成熟等，免疫原性好；可通过黏膜给药方式免疫	成本高，制备工艺烦琐、不成熟	优化纳米制备工艺，继续筛选成本低、生物相容性、负载能力好的纳米材料

三、疫苗佐剂研究

疫苗佐剂，又称免疫调节剂或免疫增强剂，本身无免疫原性，其作用在增强抗原特异性免疫应答的物质。长期以来，由于传统疫苗（主要为全菌体或其裂解产物）具有较强的免疫原性，佐剂的研究和应用范围相对有限，但随着现代生物技术和基因工程技术的迅猛发展，针对不同疾病的新型基因工程疫苗研制工作已广泛开展，但这些疫苗普遍存在的分子量小、免疫原性弱、难以激发机体产生有效免疫应答等问题，使得增强免疫作用的物质变得尤为必要，特别是新型免疫佐剂的研究显得尤为迫切。近年来，为了满足新型疫苗的需求。PEDV 是引起新生仔猪腹泻致死率最高的病毒，疫苗免疫是目前有效预防该病的主要手段，但由于目前疫苗的更新速度难以跟上 PEDV 变异步伐，加之猪场环境卫生、饲养管理、提高免疫是猪流行性腹泻免疫等有待解决的问题。所以寻找高效，副作用小且能诱导机体快速产生猪流行性腹泻免疫保护的疫苗佐剂，也成为该病防治中的一个迫切需要解决的问题。

（一）铝佐剂和油水佐剂

铝佐剂和油水佐剂是临床最为常用的免疫佐剂。铝佐剂是一种呈现乳白色且具有冻胶状特性的半固体物质。在当前市场上，常见的铝佐剂类型包括氢氧化铝凝胶、磷酸铝、硫酸铝、铵明矾以及钾明矾等，而氢氧化铝佐剂是其中较为常用的一种。氢氧化铝［$Al(OH)_3$］的应用领域极为广泛，它也是目前唯一获得国际开发协会（IDA）批准，可用于人类及兽类免疫的佐剂。油乳佐剂的主要成分是油料，根据所使用的油料不同，油乳佐剂可以分为矿物油佐剂和非矿物油佐剂两大类。这类免疫佐剂能够促进多种抗原产生高效价的抗体，延长抗原连续刺激的时间，减少抗原接种的剂量和次数。由于这些优势，油乳佐剂在动物疫苗领域得到了广泛的应用。然而，这种佐剂在生物体内发挥作用的同时，也可能带来一些安全风险，例如可能引起组织损伤、应激反应、矿物油残留，以及潜在的致癌风险。目前市场上常见的油乳佐剂包括弗氏佐剂、白油 Span 佐剂、MF-59、ISA 206、ISA 720、佐剂-65、SAF 等，其中兽用疫苗多采用油包水型佐剂。胡江锋等研究者开发的双向佐剂 Montanide ISA 206 制备的 PEDV 疫苗，其免疫效果优于水包油佐剂 Merckinade SDA 25 和油包水佐剂 Montanide ISA 61 VG 制备的疫苗。

（二）微生物佐剂

微生物作为免疫佐剂可以增强机体免疫应答能力。早在 20 世纪 50 年代，研究证实了革兰氏阴性菌的脂多糖具有免疫佐剂的活性。随着对微生物类佐剂研究的不断推进，越来越多的微生物被证实具有佐剂活性，目前已被发现具有佐剂活性的微生物类佐剂主要包括：分枝杆菌及某些百日咳杆菌、绿脓杆菌、布氏杆菌、大肠杆菌、魏氏梭菌的脂多糖及结核杆菌素等；革兰氏阳性菌包括葡萄球菌、短小棒状杆菌、链球菌、乳杆菌等。实验研究显示，当这些微生物或其产物与免疫疫苗同时注入时，能够显著增强机体的特异性免疫应答。然而，由于细菌成分通常具有一定的毒性，所以阻碍了微生物类佐剂成为人用疫苗佐剂的研究和应用。鞭毛蛋白可诱导黏膜和全身产生 IgA 的一种黏膜佐剂，有研究证明以鞭毛蛋白为流行 PEDV 菌株 AH2012/12 的新疫苗可在母猪血清和初乳中产生高水平的 IgG、IgA 和中和抗体。近年来，科学家们发现了一类能够增强免疫反应并具有佐剂作用的小肽类物质。这类物质是由细菌分泌至其培养上清液中，通过特定的截留技术可以分离出分子量小于 10 千道尔顿的肽段。动物免疫实验表明，小肽显著提高了机体产生抗体的能力，展现出其佐剂功能。小肽作为佐剂具有多项优势：其获取过程简便；易于储存和运输；由于源自益生菌，对机体无害，具有较高的安全性，因此有望成为常规疫苗佐剂的候选物质。以二肽复合佐剂对 PEDV 特异性 lgG 和 IgG1 抗体和细胞因子产生的强调节作用，以及免疫小鼠树突状细胞上 CD3+CD4+T 细胞亚群和共刺激分子表达的显著增加。接种 PEDV 疫苗和 CVC1303 免疫的小鼠小肠和肺部的 PEDV 特异性 lgA 抗体滴度显著提高。

（三）中药佐剂

中药佐剂，乃是以中药材或其提取物、成分所制备，与抗原共同应用或与兽用疫苗配合使用，以辅助提升免疫反应效能之物质。具备免疫增强作用的兽用中药成方制剂，亦常被用作疫苗佐剂。中药佐剂主要源自天然植物，提取出的具有免疫活性的成分，这些成分毒性较低、易于代谢，既可降低抗原剂量需求，增强兽用疫苗的免疫效果，又可通过替代其他佐剂，减少毒副作用，为解决佐剂的安全性及局部反应问题提供新的解决途径。兽用疫苗中常用的中药佐剂主要包括蜂胶佐剂、多糖与糖苷佐剂、壳聚糖佐剂、皂苷佐剂等。PEDV 疫苗作为肠道外疫苗，在激发充分的黏膜免疫反应方面存在局限性。人参茎叶皂苷（GSLS）作为一种具有潜力的口服佐剂，已被证实能够改善家禽和小鼠的肠道免疫反应。Fei Su 及其团队开发的含有 GSL 的纳米颗粒，能够加强小鼠对 PEDV 疫苗的免疫中和性和非中和性抗体反应，促进 CD4* T 细胞的活性，并增加肠道黏膜中 PEDV 特异性 IgA 抗体的产生。转录组学分析表明，GSLS 处理后所引发的基因表达变化主要涉及免疫反应和代谢过程。进一步的转录组与代谢组综合分析揭示，GSLS 提升黏膜免疫的机制可能与孕激素相关通路有关。至于其详细的分子机制，尚需进一步深入研究。

（四）其他类佐剂

转移因子（transfer factor，TF）是机体 T 淋巴细胞释放的一种低分子质量多核苷酸肽。大量研究证明，转移因子对疫苗具有协同作用，具体表现为机体疫苗效价水平提高，细胞免疫水平显著提高，机体免疫应答期缩短，促进抗体的产生，并延长抗体高峰期，使之维持更长的时间。近年来转移因子作为免疫增强剂协同畜禽灭活疫苗和活疫苗免疫效果的研究越来越多，已有研究证明，转移因子对猪口蹄疫病毒、犬细小病毒和猪圆环病毒等疫苗具有明显的免疫协同效果。邱永敏①研究发现，转移因子对猪圆环病毒和口蹄疫病毒疫苗免疫具有明显的增强效果。

笔者研究表明转移因子能辅助猪流行性腹泻和猪传染性胃肠炎二联活疫苗免疫可显著提升血清中 PEDV 特异性 IgG 水平（表 5-3），提高淋巴细胞比率（表 5-4），维持特异性抗体 IgG 持续高水平表达说明转移因子对 PEDV 疫苗诱导的体液免疫和细胞免疫有一定的增强作用。另外在转移因子持续参与下，PEDV 维持时间也较长。

表 5-3　转移因子辅助 PEDV 疫苗免疫特异性 IgG 抗体水平（OD 值）

组别	免疫前 1 d	免疫后时间				
		第 7 d	第 14 d	第 21 d	第 28 d	第 35 d
A 组	0.278 Aa±0.072	0.318 Aa±0.092	0.932 Aa±0.074	1.252 Aa±0.105	1.348 Aa±0.123	1.254 Aa±0.163
B 组	0.289 Aa±0.084	0.339 Aa±0.084	1.195 Ab±0.067	1.436 Ab±0.119	1.410 Aa±0.214	1.332 Aa±0.143

① 邱永敏. 猪转移因子的研制及其对猪免疫功能的增强作用［D］. 泰安：山东农业大学，2013.

续表

组别	免疫前 1 d	免疫后时间				
		第 7 d	第 14 d	第 21 d	第 28 d	第 35 d
C 组	0.309 Aa±0.059	0.325 Aa±0.097	0.675 Bb±0.038	0.813 Bb±0.053	0.796 Bb±0.093	0.727 Bb±0.145

注：同列数据比较，数据肩标小写字母不同表示差异显著（$P<0.05$），大写字母不同表示差异极显著（$P<0.01$），含相同小写字母表示差异不显著（$P>0.05$）。

表 5-4　转移因子辅助 PEDV 疫苗免疫淋巴细胞比率

组别	免疫前 1 d	免疫后时间				
		第 7 d	第 14 d	第 21 d	第 28 d	第 35 d
A 组	37.29 Aa±1.72	46.13 Aa±2.02	54.43 Aa±1.39	68.77 Aa±1.79	59.28 Aa±1.57	54.51 Aa±1.93
B 组	36.33 Aa±1.23	45.68 Aab±1.91	54.88 Aa±1.54	66.83 Aa±1.89	58.25 Aa±1.68	53.38 Aa±1.82
C 组	36.87 Aa±1.89	43.27 Aab±1.65	45.29 Bb±1.86	56.96 Bb±1.93	55.19 Ab±2.43	44.68 Bb±3.75

注：同列数据比较，数据肩标小写字母完全不同表示差异显著（$P<0.05$），大写字母不同表示差异极显著（$P<0.01$），含相同小写字母表示差异不显著（$P>0.05$）。

第六章
猪流行性腹泻的综合防控

针对近年来导致初生仔猪高死亡率的猪流行性腹泻疾病，为有效减少经济损失，这里主要从传染源、传播途径和易感动物三个方面给养殖户一些建议。首先，强化猪场生物安全管理，确保环境清洁、卫生；其次，严格隔离检疫新进猪只，防止病原传入；再次，定期健康监测猪群，及时隔离疑似病例；同时，提高猪只营养水平，增强其抵抗力；探索使用非特异性免疫增强剂如益生菌、中草药等辅助提高抗病力。此外，加强与兽医机构的沟通，获取最新疫情信息和防治技术；在疫情高发期，考虑紧急免疫接种或药物干预措施。通过这些综合措施，养殖户能有效防控猪流行性腹泻，降低初生仔猪死亡率，保障种猪场的经济效益。

猪流行性腹泻（PED）由于其现场诊断的困难性、高度的传染性以及缺乏特效治疗药物，时常暴发并给猪场乃至整个养猪业带来惨重损失。因此，加强 PED 的防控措施至关重要。猪场管理人员必须深刻认识到这一点，并采取综合性的防控策略，以有效降低 PED 对安全养殖的威胁。

当前，主要的防控措施包括 PEDV 疫苗免疫、PEDV 返饲以及 PEDV 生物安全防控等。对于已经暴发 PED 的猪场，除了进行免疫接种外，还应从多个方面强化生物安全防控，包括饲养管理、环境控制、饲料安全、运输车辆消毒、饲养人员培训、粪污处理以及死猪无害化处理等。

这些措施旨在从源头上切断 PED 病毒的传播途径，减少病毒的感染机会，从而确保猪场的健康安全，降低 PED 疫情带来的损失。

第一节　加强饲养管理

在猪流行性腹泻的综合防控策略中，饲养管理扮演着举足轻重的角色。特别是在易发病季节，饲养管理的精细化对于降低疾病风险至关重要。在养猪业中，确保猪只的健康和生长环境是至关重要的。特别是面对 PED（猪流行性腹泻）等高度传染性的疾病时，加强保温、营养调控、环境卫生以及消毒措施变得尤为重要。猪场管理人员应密切关注猪只的健康状况，及时发现和处理异常情况，确保猪只的健康和生长。

一、饲喂管理

在猪只饲养的过程中，特别是在易发病的季节，营养供给和饲料管理显得尤为重要。随着季节的变化，猪只的能量需求也会有所不同。在寒冷的季节，猪只为了维持体温，其能量消耗会显著增加。因此，在这个时期，需要特别注意增加能量饲料的供应，如玉米、高粱等，以确保猪只获得足够的营养支持，维持其正常的生理功能和免疫力。

精确的饲料饲喂是确保猪只健康成长的关键。需要根据猪只的生长发育

阶段和健康状况，科学制订饲料配方和饲喂量。这包括根据猪只的体重、年龄、性别、品种等因素，制订个性化的饲料配方，以满足其不同的营养需求。同时，还需要根据猪只的食欲和消化情况，合理调整饲喂量，避免浪费和过度饲喂，保证猪只的健康成长。

为了减少饲料的浪费和污染，可以适当减少残余饲料的清理次数。但这并不意味着可以忽视饲料的卫生状况。需要确保饲料槽的清洁和干燥，避免饲料受潮变质。同时，还需要定期检查饲料的质量，及时更换变质的饲料，确保猪只吃到的都是新鲜、卫生的饲料。

尽管减少了残余饲料的清理次数，但每天仍然需要及时清除剩余的饲料。这是因为剩余的饲料容易受潮变质，滋生细菌和病毒，对猪只的健康构成威胁。因此，需要每天定时清理饲料槽，清除剩余的饲料，确保猪只吃到的都是新鲜的饲料。

此外，为了避免猪只吃食旧料，还可以采取一些措施，如增加饲料槽的数量和分布，确保每只猪都能吃到新鲜的饲料；或者在饲料中添加一些香味剂或诱食剂，提高饲料的吸引力，减少猪只吃食旧料的可能性。

二、饮水管理

确保猪只获得充足的清洁饮水以及合理控制饲养密度，对于猪只的健康和生长至关重要

水是猪只生长、发育和维持正常生理功能所必需的。缺乏清洁饮水会导致猪只脱水，影响其食欲、消化、体温调节以及新陈代谢等生理功能，进而引发一系列健康问题。为了满足猪只的饮水需求，应确保猪只随时都能获得

清洁的饮水。饮水设施的数量和分布应根据猪只的数量和分布情况进行合理设计，以确保每只猪都能方便地获取到水源。

为了确保饮水设施的正常运行和水质的安全卫生，应定期检查饮水设施。检查内容包括饮水器的出水情况、水质情况、管道连接情况等。对于发现的问题，应及时进行维修和更换，确保饮水设施的正常运行。除了确保饮水设施的正常运行外，还需要注意水质的安全卫生。定期清洗和消毒饮水设施，避免水源受到污染。同时，对于使用自来水等外部水源的猪场，还需要定期检测水质，确保水质符合相关标准。

饲养密度是指单位面积内猪只的数量。合理的饲养密度可以确保猪只的舒适度和健康状况，同时减少疾病传播的机会。过密的饲养密度会导致猪只之间的竞争加剧，影响其生长发育和健康状况；而过低的饲养密度则会浪费养殖资源，降低经济效益。

在饲养过程中，应避免密集饲养。根据猪只的生长发育阶段和健康状况，适当调整饲养密度。对于生长迅速、健康状况良好的猪只，可以适当增加饲养密度；而对于生长缓慢、健康状况较差的猪只，则需要适当降低饲养密度。

猪舍的布局也是影响饲养密度的重要因素。在规划猪舍布局时，应考虑到猪只的生活习性和活动规律，合理安排猪只的休息、运动和采食区域。同时，还需要注意猪舍的通风、采光和卫生条件等因素，为猪只提供一个舒适、健康的生活环境。

随着猪只的生长发育和健康状况的变化，饲养密度也需要进行相应的调整。因此，需要定期评估饲养密度是否合适，并根据实际情况进行调整。通过合理的饲养密度管理，可以确保猪只的舒适度和健康状况，提高养殖效益。

三、营养调控

根据猪只的生长阶段和营养需求，合理搭配饲料，确保猪只获得充足的营养支持。特别是对于哺乳期母猪和哺乳仔猪，要确保其获得高质量的饲料，以提高其抵抗力和生长速度。在 PED 流行期间，可以适当添加维生素、矿物质等营养补充剂，以提高猪只的免疫力和抵抗力。同时，要确保饲料的安全性和卫生性，避免饲料污染导致的疾病传播。

四、合理控制饲养密度

在养猪业中，饲养密度是一个重要的管理参数。过高的饲养密度不仅影响猪只的舒适度，还可能导致猪只之间接触过于频繁，为疾病的传播提供便利条件。当猪只过于拥挤时，它们之间的接触增加，病毒、细菌等病原体更容易在猪群中传播，从而增加了疾病暴发的风险。

合理控制饲养密度是预防疾病传播的关键措施之一。根据猪只的品种、年龄和体重等因素，制定合适的饲养密度标准，有助于减少猪只之间的接触，降低疾病传播的风险。同时，合理的饲养密度还能保证猪只获得足够的空间，提高猪只的舒适度和生产性能。

在疫情发生期间，为了尽快控制疾病的传播，可以适当降低饲养密度。降低饲养密度可以减少猪只之间的接触，降低病原体在猪群中的传播速度。此外，降低饲养密度还能为猪只提供更多的活动空间，有助于改善猪只的健康状况，提高猪只的抵抗力。

1. 了解猪只需求

不同品种、年龄和体重的猪只对饲养密度的需求不同。因此，在制定饲养密度标准时，需要充分了解猪只的生理特点和行为习性，确保饲养密度符合猪只的需求。

2. 评估猪舍条件

猪舍的大小、结构、通风条件等因素都会影响饲养密度的选择。在制定饲养密度标准时，需要综合考虑猪舍条件，确保猪只能够获得足够的空间和舒适的环境。

3. 动态调整饲养密度

随着猪只的生长和疫情的变化，饲养密度也需要进行动态调整。在猪只生长过程中，需要逐渐增加饲养密度，以满足猪只的生长发育需求。在疫情发生期间，则需要适当降低饲养密度，以减少疾病传播的风险。

合理控制饲养密度是预防猪流行性腹泻病毒等传染病传播的重要措施之一。通过了解猪只需求、评估猪舍条件、动态调整饲养密度等方法，可以有效地降低疾病传播的风险，提高猪只的健康水平和生产性能。在疫情发生期间，适当降低饲养密度更是控制疾病传播的关键手段之一。

第二节　控制环境因素

在防控 PED 等高度传染性猪病的过程中，强化发病猪舍仔猪转出后的

清洗消毒工作至关重要。强化发病猪舍仔猪转出后的清洗消毒工作是防控PED等高度传染性猪病的重要措施之一。通过全方位清洗、消毒药轮换使用、烧碱溶液浸泡消毒、空置与通风以及熏蒸消毒等步骤，可以确保猪舍内部的清洁卫生和疾病防控效果。

一、环境管理

确保猪舍内温度适宜，有利于猪只的正常活动和健康生长。特别是对产房哺乳仔猪，由于其体温调节能力较弱，更需要提供稳定且较高的环境温度。在PED发病期间，为降低因PEDV感染导致的仔猪死亡，可以增设保温灯，为仔猪提供局域高温环境。同时，要确保保温设施的安全性和可靠性，避免火灾等意外事故的发生。当涉及猪舍的保温工作时，确保猪只在一个适宜的环境中生长至关重要，特别是在寒冷的冬季。在冬季，猪舍内的温度需要保持在适宜的范围，通常为25 ℃左右。这个温度有助于猪只维持正常的体温，减轻寒冷带来的应激反应，从而增强其抵抗力。为了达到这个目标，可以采用多种保温措施，如安装保温设备（如暖气、地暖等）、增加保温材料（如稻草、泡沫板等）以及合理设计猪舍结构等。昼夜温差过大会对猪只的健康产生不良影响。因此，需要派专人负责每天检查猪舍内的温度，确保昼夜温差控制在3 ℃以内。这可以通过调整保温设备的运行时间、加强夜间巡视以及采取其他有效的保温措施来实现。

猪舍内的空气流通对于减少有害气体和病原体的积聚至关重要。在冬季，虽然保温工作很重要，但也不能忽视通风。可以采用定时通风、增加通风口数量以及使用高效通风设备等方式来保持猪舍内的空气流通。有害气体和病原体的积聚会对猪只的健康产生不良影响。因此，除了加强通风外，还需要定期清理猪舍内的粪便和垃圾，减少有害气体的产生。同时，还可以使用消毒剂对猪舍进行消毒处理，杀灭潜在的病原体。

潮湿的环境容易滋生细菌和病毒，对猪只的健康构成威胁。因此，需要保持猪舍内地面的干燥。这可以通过合理设计排水系统、使用防水材料以及定期清理地面等方式来实现。除了保持地面干燥外，还需要注意防止地面潮湿。例如，在雨雪天气时及时清理猪舍外的积水，避免水分渗透到猪舍内；在饲料和饮水区域设置防水垫等。

光照对于猪只的生长发育和抵抗力提高具有重要作用。因此，需要确保猪只获得足够的光照时间。在选择人工光源时，需要考虑其光照强度、光谱分布以及使用寿命等因素。同时，还需要根据猪舍的结构和猪只的分布情况来合理设置光源的位置和数量，确保猪只能够均匀地接受到光照。

二、清洁卫生和消毒

猪舍的清洁卫生工作是确保猪只健康生长的关键环节之一。一个整洁、卫生的环境可以有效减少疾病的传播，提高猪只的生长效率和养殖效益。粪便和垃圾是猪舍内细菌、病毒和寄生虫的主要滋生地。因此，必须定期清理猪舍内的粪便和垃圾，防止病原体的积累。清洁工作应在猪只的排泄后立即进行，以减少病原体的传播机会。使用合适的清洁工具和设备，如扫帚、铲子、高压清洗机等，确保清洁工作的彻底性和高效性。

除了清理粪便和垃圾外，还应定期打扫猪舍内的灰尘和杂物，保持猪舍环境的整洁。清理过程中，应注意不要将清洁工具和设备带入猪只的休息区，

以免污染猪只的生活空间。

选择高效、低毒、易于操作的消毒剂是消毒工作的关键。在选择消毒剂时，要考虑其广谱性、强效性和气味性。在PED流行期间，可以选择烧碱、中草药或二氯异氰尿酸钠等消毒剂进行消毒。为确保消毒效果，可以轮换使用喷雾消毒和熏蒸消毒等不同的消毒方式。这有助于避免病原微生物对某种消毒剂的适应性增强。在进行带猪消毒时，要确保消毒剂充分覆盖猪只和设施设备表面。同时，要注意消毒剂的使用浓度和消毒时间，以确保消毒效果。

常用的消毒剂有含氯消毒剂、季铵盐类消毒剂等。在选择消毒剂时，应考虑到其对猪只的安全性、对环境的友好性以及消毒效果等因素，关于消毒液75%酒精可以让病毒脱去囊膜，当PEDV或者冠状病毒脱去囊膜后它就失去了感染能力，所以在阻断病毒传播的过程中，酒精也是一种很合适的消毒剂，但在养猪场用量较大，且养猪场容易出现明火，使用酒精需要特别小心。

对猪舍、饲料槽、饮水器等设施进行全面消毒，杀灭潜在的病原体。消毒前，应先对设施进行彻底清洁，去除表面的污垢和残留物。消毒时，应确保消毒剂与设施表面充分接触，并保持一定的作用时间。消毒后，应用清水对设施进行冲洗，确保消毒剂残留量符合相关标准。

制定合理的消毒制度，明确消毒的时间、频率和责任人等要素。根据猪舍的使用情况和猪只的健康状况，适时调整消毒制度，确保消毒工作的及时性和有效性。

潮湿的环境容易滋生细菌和病毒，因此应保持猪舍内的干燥。可以通过加强通风、使用干燥剂等方式来降低猪舍内的湿度。

猪只的应激反应会降低其免疫力，增加疾病的风险。因此，应尽量减少猪只的应激因素，如温度、湿度、光照等环境因素的变化。

除了清洁卫生和消毒工作外，还应加强防疫工作，如接种疫苗、定期进行健康检查等，以提高猪只的免疫力，降低疾病的发生率。

（一）全方位清洗

在进行猪舍的彻底清洁与消毒之前，首要任务是创造一个无杂物、无残留物的初始环境，这是后续消毒工作能够顺利进行并取得良好效果的基础。以下是对“清理杂物”与“高压水枪清洗”两个步骤的详细扩展说明：

清理杂物是猪舍清洁工作的第一步，也是至关重要的一步。这一步不仅关乎猪舍的整洁度，更直接影响到后续消毒工作的效果。工作人员需要佩戴好防护装备，如手套、口罩和防护服，以防止在清理过程中接触到可能存在的有害微生物或化学物质。

要对猪舍进行全面的检查，识别出所有需要清理的杂物，包括但不限于粪便、饲料残渣、废弃物、死猪及其残骸等。这些杂物不仅可能携带大量的病原微生物，还可能成为苍蝇、老鼠等害虫的栖息地，进一步加剧猪舍的污染程度。接下来，使用合适的工具和设备，如铲子、扫帚、推车等，将识别出的杂物逐一清理出猪舍。在清理过程中，要注意分类处理，将可回收的物料与废弃物分开存放，以便后续进行妥善处理。同时，要保持清理工作的连续性和高效性，避免杂物在猪舍内长时间滞留。

在清理完杂物之后，接下来就需要使用高压水枪对猪舍进行彻底的清洗。高压水枪以其强大的水压力和冲击力，能够迅速清除猪舍表面附着的污垢和残留物，为后续的消毒工作提供一个干净、无遮挡的接触面。

在清洗过程中，工作人员需要佩戴好防水装备，如防水衣、防水鞋等，以防止被高压水枪喷出的水柱溅湿。同时，要确保高压水枪的水压和流量适

中，既能够彻底清洗猪舍表面，又不会对猪舍结构造成损害。

清洗时，要从上到下、从里到外依次进行，确保猪舍的每一个角落都被清洗到位。特别要注意清洗墙壁、地面、栏杆、料槽、水管等容易积聚污垢和残留物的部位。对难以清洗的缝隙和死角，可以使用刷子或特制的清洗工具进行辅助清洗。

通过高压水枪的彻底清洗，猪舍内部的表面将变得干净、光滑，为后续的消毒工作奠定了坚实的基础。同时，这一步骤也有助于减少猪舍内的异味和潮湿感，提高猪只的居住舒适度。

（二）消毒药轮换使用

在猪舍管理及疾病防控的实践中，轮换消毒药的使用策略占据着举足轻重的地位。这一做法的核心目的在于打破病原微生物对特定消毒剂的适应性，防止其通过基因突变或生理调整而逐渐产生耐药性，从而确保消毒工作的持续有效性和猪舍环境的长期卫生安全。

病原微生物的适应性是一个动态变化的过程。在长期使用同一种消毒剂的情况下，那些对消毒剂较为敏感的菌株可能会逐渐被淘汰，而少数具有耐药性的菌株则可能存活下来并大量繁殖。随着时间的推移，这些耐药菌株可能成为猪舍内的主导菌群，导致消毒效果大打折扣，甚至完全失效。

因此，轮换消毒药成为了应对这一挑战的有效手段。通过定期更换不同类型的消毒剂，可以有效地减少病原微生物对任何单一消毒剂的适应性积累，保持消毒效果的稳定性和可靠性。这种策略不仅有助于控制现有病原体的传播，还能在一定程度上预防新病原体的入侵，为猪只的健康生长提供更为坚实的保障。

在选择轮换使用的消毒药时，应遵循科学、合理、安全的原则。首先，要确保所选消毒剂在市面上易于获得且质量可靠；其次，要充分了解其消毒机理、使用范围、浓度要求以及可能产生的副作用；最后，还要结合猪舍的实际情况和消毒需求进行综合考虑，选择最适合的消毒剂进行轮换使用。

以过氧乙酸和新洁尔灭为例，这两种消毒剂都是市面上常见的、效果良好的消毒药。过氧乙酸以其强氧化性和广谱杀菌性而著称，能够迅速破坏病原微生物的细胞结构，达到快速消毒的目的；而新洁尔灭则是一种阳离子表面活性剂，具有良好的渗透性和亲脂性，能够深入细胞内部破坏其代谢功能，从而实现长效消毒。在轮换使用时，可以根据猪舍的污染程度、季节变化以及病原微生物的种类等因素进行灵活调整，确保消毒工作的针对性和有效性。

（三）烧碱溶液浸泡消毒

在进行猪舍的彻底消毒时，烧碱（NaOH）溶液因其强大的杀菌能力而常被选用。

烧碱溶液的配制是消毒工作的基础。选择浓度为 3%的烧碱比例进行配制，这一浓度既能够有效杀灭猪舍内可能存在的细菌、病毒和寄生虫等有害微生物，又相对安全，避免了对猪舍结构的过度腐蚀。在配制过程中，应准确量取烧碱和水，充分搅拌混合，直至溶液变得均匀透明。配制好的烧碱溶液需及时使用，避免长时间放置导致效力下降。

将配制好的烧碱溶液倒入猪舍内，确保溶液能够充分覆盖猪舍的所有表面，包括地面、墙壁、栏杆、食槽等。这一步要求操作人员细致耐心，确

保没有遗漏之处。烧碱溶液的强碱性能够迅速穿透并分解有机物质，破坏有害微生物的细胞结构，从而达到消毒的目的。

浸泡时间的长短对于消毒效果至关重要。虽然具体时间可能因猪舍的污染程度、结构材质等因素而异，但一般来说，浸泡时间应不少于 30 min。在这段时间内，烧碱溶液能够充分与猪舍表面的污染物和有害微生物接触，发挥其杀菌作用。如果猪舍污染严重或结构复杂，可适当延长浸泡时间以确保消毒效果。

浸泡完成后，需要进行清水冲洗的步骤。这一步的目的是去除猪舍表面残留的烧碱溶液和可能产生的有害物质，避免对后续猪只的饲养造成影响。冲洗时应使用大量的清水，确保猪舍表面冲洗干净、无残留。冲洗过程中，操作人员应注意个人防护，避免与烧碱溶液直接接触。

（四）空置与通风

在猪舍清洗消毒的后续工作中，空置时间与通风排气是两个至关重要的环节，它们共同为猪舍创造了一个安全、干燥且无菌的环境，为后续猪只的引入奠定了坚实的基础。

空置时间是一个让消毒剂充分发挥其效力的关键阶段。在猪舍经过彻底的清洗和消毒之后，需要给予足够的时间让消毒剂深入每一个角落，彻底杀灭残留的细菌、病毒和其他有害微生物。一般来说，这个空置时间需要持续 5 d 以上，以确保消毒剂能够充分发挥其杀菌效果。在这段时间里，猪舍应该保持封闭状态，避免外部污染源的进入。

通风排气是空置期间不可或缺的一环。在猪舍封闭的同时，为了保持内部的空气流通和干燥，需要启动通风系统，特别是针对产房等关键区域，应实施 24 h 连续负压抽风排气。这种通风方式不仅能够有效排除猪舍内的湿气、有害气体和异味，还能加速消毒剂的挥发和残留物的排出，从而进一步提升猪舍的清洁度和卫生水平。

值得注意的是，通风排气过程中应密切关注猪舍内的温度和湿度变化，避免因过度通风而导致温度骤降或湿度过高，影响猪舍的干燥度和舒适度。同时，工作人员应定期检查通风设备的运行状况，确保其正常运作，从而达到最佳的通风效果。

（五）熏蒸消毒与准备引猪

在准备引猪进入猪舍的细致过程中，首先需要关注的是猪舍的彻底消毒，以确保为即将入住的新成员提供一个安全、卫生的环境。这一步不仅关乎猪只的健康，也是预防疾病传播的重要措施。

进行熏蒸消毒是必不可少的一环。在引猪前的三天，需要关闭猪舍的所有门窗，确保空间密闭，随后使用固体甲醛进行全方位的熏蒸。甲醛作为一种高效消毒剂，能够穿透并杀灭猪舍内残留的细菌、病毒及寄生虫等有害微生物。熏蒸过程需持续 24 h，以确保消毒效果的最大化。在熏蒸期间，工作人员应做好个人防护，避免直接接触甲醛气体。

完成熏蒸消毒后，紧接着是自然通风阶段。这一阶段至关重要，因为甲醛虽然消毒效果显著，但其本身也是一种有害气体，对猪只的呼吸系统具有潜在的危害。因此，需要充分打开猪舍的门窗，利用自然风力将残留的甲醛气体彻底排出。通风时间应视具体情况而定，但一般建议至少持续数小时，直至猪舍内无明显异味为止。

在熏蒸消毒并充分通风之后，猪舍便进入了准备引猪的最后阶段。此时，

工作人员需要仔细检查猪舍的每一个角落，确保内部干燥、清洁、无异味。同时，还需检查并调试好饲料投喂系统、饮水设备、温控设施等关键设备，确保它们能够正常运行，满足猪只的基本生活需求。

此外，为了迎接新成员的到来，还需要在猪舍内准备好适量的饲料和清洁的饮水。饲料的种类和数量应根据猪只的品种、年龄、生长阶段及营养需求进行合理搭配和储备。而饮水则应保持新鲜、清洁，并定期检查水质，确保猪只饮用的水源安全可靠。

第三节 建立生物安全体系

猪流行性腹泻（PED）的综合防控中，建立生物安全体系是非常重要的一环。生物安全体系的目标是通过采取一系列预防措施，降低病毒在猪群中的传播风险，保障猪群的健康和安全。

一、人员管理

在猪场管理中，为了有效防控猪流行性腹泻（PED）等疾病的传播，必须严格限制非必要人员进入猪场。这些非必要人员，特别是那些可能接触其他猪只或潜在污染源的人员，他们的进入可能会给猪场带来病毒或其他病原体的风险。因此，猪场应建立严格的准入制度，确保只有经过授权和必要培训的人员才能进入。

对于进入猪场的人员，必须执行严格的消毒和更衣程序。这包括在进入猪场前，对所有进入人员进行彻底的消毒，如使用消毒剂对手部、鞋底和衣物进行喷洒。同时，进入猪场的人员需要换上猪场专用的工作服和鞋子，以避免将外界的病毒或病原体带入猪场。这些措施的实施，能够极大地降低病毒传播的风险，保障猪场的生物安全。

此外，对猪场员工进行健康监测和培训也是防控 PED 等疾病的重要措施。猪场应定期对员工进行健康检查，确保他们没有携带病毒或其他病原体。同时，猪场还应为员工提供必要的培训，提高他们的疾病防控意识，让他们了解 PED 等疾病的传播方式和防控措施。这样，一旦猪场发生疫情，员工能够迅速做出反应，采取有效的防控措施，降低疫情的传播风险。

二、运输车辆管理

在养猪生产体系中，确保运输车辆的卫生消毒条件仅是防控 PEDV 等病毒传播的一部分。为了进一步提高生物安全水平，许多养猪场已经开始实施更为严格的卡车车队分类管理策略。

这种分类管理策略的核心是将感染场与阴性场的运输车辆完全分开。通过设立专用的运输车辆，可以确保从感染场到阴性场的路径被完全隔离，从而大大降低病毒通过运输车辆传播的风险。

此外，与屠宰场和收猪点接触的卡车也应与种猪运输车或内部的转运车进行严格的分类管理。这是因为这些车辆经常与不同来源的猪只接触，存在较高的病毒传播风险。将它们与种猪运输车或内部转运车分开，可以确保种猪和内部猪只的安全，避免受到外界病毒的威胁。

在实施卡车车队分类管理时，养猪场需要制定详细的操作规范和管理制

度。首先，应明确各类车辆的使用范围和路线，确保它们不会交叉使用或进入其他区域的猪场。其次，应定期对车辆进行清洗和消毒，特别是与猪只接触的部分，如车厢、栏杆等，要使用高效的消毒剂进行彻底消毒。最后，还应加强对驾驶员的培训和管理，提高他们的防疫意识和操作技能，确保他们按照规范进行操作。

通过实施卡车车队分类管理策略，养猪场可以进一步提高生物安全水平，降低病毒传播的风险。这不仅有助于保护猪只的健康和安全，也有助于提高养猪业的经济效益和可持续发展能力。

三、饲料管理

针对猪流行性腹泻病毒可以通过粪口传播的特点，以及在养猪业中，污染的原料或全价饲料成为潜在传染源的问题，加强饲料在各个环节的管理显得尤为重要。

（1）饲料原料的来源与质量控制

要确保饲料原料的来源可靠，不含有 PEDV 病毒。应严格筛选供应商，要求他们提供原料的质量证明和检测报告。同时，定期对饲料原料进行检测，确保不含有 PEDV 等病毒。

（2）饲料加工与储存的严格管理

在饲料加工过程中，应确保设备的清洁和消毒工作到位。使用前应对设备进行彻底清洗和消毒，防止交叉污染。同时，加工过程中应控制温度、湿度等参数，确保饲料的质量和安全。

储存饲料时，应选择干燥、通风、防鼠防虫的仓库。不同批次、不同来源的饲料应分开存放，避免混淆。同时，应定期对仓库进行清洁和消毒，防止 PEDV 等病毒的滋生和传播。

（3）饲料转运的规划与执行

在饲料转运过程中，应特别关注转运规划和行车路线。为了避免 PEDV 病毒在饲料转运过程中的传播，建议先为 PEDV 阴性猪群转运饲料，然后再为发病猪群转运。这样可以降低病毒在饲料中的传播风险。

同时，在转运过程中，应确保车辆的清洁和消毒工作。每次转运前应对车辆进行彻底清洗和消毒，防止病毒在车辆上残留。在转运过程中，还应注意饲料包装的完整性和密封性，避免饲料在运输过程中受到污染。

（4）饲养人员的培训与意识提升

饲养人员是养猪场的重要一环，他们的行为和操作直接影响到猪只的健康和安全。因此，应加强对饲养人员的培训和教育，提高他们的防疫意识和操作技能。

饲养人员应了解 PEDV 的传播途径和防控措施，掌握正确的饲养和消毒方法。同时，应要求他们遵守养殖场的卫生规定和操作流程，确保饲料在各个环节不被污染。

四、人员和物资入场管理

为了显著降低猪流行性腹泻病毒通过人员或物资传入猪场的风险，必须严格执行人员和物资的入场程序，确保猪场内部的生物安全得到有力保障。

对所有进场的物资，无论大小，都应经过严格的消毒处理。这些物资在进入猪场前，应被送入专门的消毒间，通过物理或化学消毒方法，如紫外线

照射、高温处理或喷洒消毒剂，彻底消除表面可能携带的病毒。这样的流程能够有效地降低物资作为病毒传播媒介的风险。

对人员的入场，也应采取严格的措施。借鉴“丹麦式入场程序”，所有进入猪场的人员都必须在场外的区域进行彻底的清洁和消毒。他们需要将场外的鞋、衣物等个人物品与生产区的专用鞋、衣物严格区分开，避免任何可能的交叉污染。这一过程中，还可以使用特定的消毒设施，如淋浴房、紫外线消毒灯等，以确保人员的清洁和消毒工作得到彻底执行。

通过这种严格的入场程序，不仅可以降低 PEDV 通过人员或物资传入猪场的风险，还能够提升整个猪场的生物安全水平。这对保护猪只的健康、提高养猪业的经济效益和可持续发展能力都具有重要意义。因此，所有猪场都应高度重视并严格执行这些措施，确保猪场的生物安全得到有效保障。

五、粪污的处理

猪流行性腹泻病毒（PEDV）作为一种主要通过粪口途径传播的疫病病原，其防控工作中对粪污的管理尤为关键。为了确保猪场的生物安全，养猪生产者已经普遍认识到，实施粪污处理设备专场专用的重要性，这能够有效降低 PEDV 在场间的水平传播风险。

在养猪业中，粪污处理设备如化粪池、排污管道、处理机械等，若不加以妥善管理，很容易成为病毒传播的载体。因此，将粪污处理设备专用于特定的猪场，能够最大限度地减少病毒通过粪污在不同场间传播的可能性。

然而，在某些情况下，由于资源限制或操作需要，养猪场可能不得不在场间共用粪污处理设备。在这种情况下，制定和执行严格的操作规程与检查程序就显得尤为重要。

1. 制定详细的操作规程

明确规定粪污处理设备的使用顺序、清洁和消毒流程，以及各个步骤的具体要求和责任人。确保所有使用设备的人员都清楚了解并遵守这些规程。

2. 严格区分使用时间和区域

在共用设备时，应严格区分不同猪场的使用时间和区域，避免交叉使用或混淆。可以通过设置标识、制定时间表等方式来实现。

3. 加强清洁和消毒工作

在每次使用设备后，都应进行彻底的清洁和消毒。使用高效的消毒剂对设备表面进行喷洒或浸泡，确保病毒被有效杀灭。同时，定期对整个处理系统进行检查和维护，确保设备的正常运行和消毒效果。

4. 培训和教育

对所有涉及粪污处理的人员进行培训和教育，提高他们的防疫意识和操作技能。确保他们了解 PEDV 的传播途径和防控措施，能够正确执行操作规程和消毒程序。

5. 加强监督和检查

建立监督机制，对粪污处理设备的使用和清洁消毒情况进行定期检查和

评估。发现问题及时整改，确保操作规程和消毒程序得到有效执行。

特别需要注意的是，污水处理工、卡车司机或饲料车在转运间不得存在交叉。这些人员和车辆在转运过程中，应严格遵守操作规程和消毒程序，确保不将病毒带入其他猪场。同时，对于可能存在的交叉污染风险点，如转运车辆、工具等，也应进行严格的清洁和消毒处理。

六、死猪处理

猪流行性腹泻病毒（PEDV）是一种对养猪业构成严重威胁的病原体，特别是对哺乳仔猪而言，其致死率极高。一旦猪只感染 PEDV，不仅病猪本身会遭受极大的痛苦和损失，而且与病死猪接触的人员、设备以及环境等都可能成为潜在的传染源，进一步加剧病毒的传播。

为减少 PEDV 的传播，对病死猪尸体的处理显得尤为关键。目前，国际上公认的较好处理方法包括掩埋、火化和降解。这些方法能够确保病死猪尸体得到妥善处理，防止病毒通过尸体传播给其他猪只。掩埋是一种传统的处理方式，但需要注意选择合适的地点和深度，以确保尸体不会对环境造成污染。火化则是一种更为彻底的处理方法，能够完全杀灭病毒，但成本相对较高。降解则是利用生物技术将尸体转化为有机肥料等无害物质，既环保又经济。

然而，仅仅依靠对病死猪尸体的处理是远远不够的。由于目前尚无针对猪流行性腹泻病毒的特效药物，必须贯彻“防大于治”的方针，采取综合防控措施来控制猪流行性腹泻的发生和流行。

对健康猪群进行疫苗的预防接种是防控 PEDV 的重要手段之一。通过接种疫苗，可以提高猪只的免疫力，降低感染病毒的风险。同时，猪场应加强生物安全管理，确保猪舍、饲料、水源等环境的清洁卫生，减少病毒传播的机会。当猪场仔猪发生腹泻时，必须立即采取行动。首先通过临床检查和实验室诊断，确诊引起腹泻的所有病因。由于猪病毒性腹泻的病因十分复杂，可能存在多种病原体混合感染的情况，因此必须重视混合感染的诊断。一旦确诊病因，就需要结合诊断结果实施精准的防控措施，如使用抗病毒药物、调整饲料配方、改善饲养环境等，以控制疾病蔓延，降低经济损失。

第四节　疫情时的应急措施

目前，猪流行性腹泻病毒出现疫情时的应急措施主要包括紧急防控和药物治疗。首先，从引种环节就得进行检测防止引入带毒猪非常关键。对产前母猪需要进行腹泻监测，新生仔猪异常早发现早处理。在 7 日龄以内出现的状况，建议直接淘汰，因其治疗价值相对较低应及时淘汰。淘汰是为了减少疾病的传播和损失，同时确保其他猪只的健康和安全；若在 10 日龄左右发生，建议采取对症治疗措施，如使用蒙脱石、补充体液、提供高品质奶粉，并提高产房温度、降低湿度；若在 14 日龄左右出现，建议尽早实施断奶隔离，并使用代乳粉、补充体液。这是因为母猪的乳汁可能含有病毒，继续哺乳可能会加重小猪的病情。断奶后，将患病猪只单独隔离在清洁、干燥、温暖的环境中，有助于减少交叉感染的风险。

一、猪流行性腹泻的紧急预防措施

（一）隔离与封锁

一旦发现疫情，应立即对患病猪只进行隔离，并对猪场进行封锁，以防止疫情扩散到其他猪群或地区。在隔离区域外建立隔离带，严格消毒并在走道及猪舍外围铺撒生石灰等消毒剂，以减少病毒的传播机会。首要任务是迅速将其从群体中隔离出来，避免与健康猪只接触，减少疾病的传播机会。隔离区域应设在远离其他猪只的地方，并使用专门的饲养员和兽医进行管理。饲养员和兽医在接触患病猪只时应穿戴防护服和手套，确保个人卫生和消毒工作。隔离区域的饲养设备、饲料槽、饮水器等应单独使用，避免交叉污染。

（二）切断病原传播

对疑似感染的猪只和已经感染的猪只进行单栋饲养，专人负责，禁止串舍。凡进出病猪舍的人员必须严格消毒（洗澡，更换工作服、水鞋，脚踩消毒盆，工作服应在消毒水中浸泡一夜后，单独洗涤）后方可进入该猪舍。

（三）增加消毒频次

为提升猪舍卫生环境，强化疾病防控措施，计划增加带猪消毒的频次。具体而言，公猪舍、后备舍及配怀舍将实施至少每周三次的全面带猪消毒，以确保这些区域的持续清洁。对于分娩舍，将采取更为严格的消毒策略，每日进行 1～2 次的干粉带猪消毒，这样既能有效杀灭病菌，又能帮助控制猪舍湿度，为母猪和新生仔猪创造一个更加干燥、舒适的生活环境。

此外，为了进一步减少病原体传播的风险，将对产床下的粪便进行特殊处理，使用生石灰进行覆盖，以利用其强碱性特性抑制细菌滋生。同时，粪池将实行每周一次的彻底排空，并在排空后撒上 3%浓度的烧碱溶液，进行强力消毒。

在空置的猪舍中，清洁工作完成后，采取熏蒸消毒法进行深度消毒，即利用甲醛与高锰酸钾的化学反应产生大量气体，弥漫整个猪舍空间，彻底杀灭残留的病毒、细菌及真菌等微生物，确保猪舍在重新使用前达到高度的卫生标准。这一系列消毒措施的实施，将显著提升猪群的健康水平，降低疾病发生率。

（四）紧急免疫接种与返饲

在流行病或地方性疫情暴发期间，对母猪进行紧急接种是控制和根除猪流行性腹泻（PED）的关键手段。母猪初乳或乳汁中猪流行性腹泻病毒（PEDV）特异性分泌型免疫球蛋白 A（sIgA）抗体的水平，是决定仔猪对 PEDV 感染被动免疫程度的重要指标。在大规模疫情暴发时，应对所有母猪进行紧急接种，两次接种间隔 1～2 周，优先选用活疫苗。对于产前母猪，建议进行两次接种，间隔时间为 4～2 周，每次接种剂量为 1.5 头份。仔猪应在 7～14 日龄时进行首次免疫，剂量为 0.5 头份，随后在 21～28 日龄进行第二次免疫。在实施过程中，应密切监测疫情发展，并定期每两周采集产前母猪、后备母猪及发病猪只的样本进行检测。在本编辑参与的项目合作猪场发生 PED 疫情时，采取了紧急接种猪传染性胃肠炎和猪流

行性腹泻二联活疫苗等一系列综合防控措施。紧急接种后 7～10 d，产房内初生仔猪的发病情况得到遏制，生产逐渐恢复稳定。在疫情不稳定期，建议对产前母猪进行两次接种，结合使用活疫苗和灭活疫苗，并且每两个月对全群母猪进行一次口服活疫苗接种。仔猪应在 7～14 日龄时进行海穴接种，剂量为 0.5 头份，21～28 日龄时进行第二次免疫，剂量同样为 0.5 头份。

返饲是一个非常直接，非常有针对性，非常快速有效的对于无特效防控的病毒性腹泻一个方法。PED 返饲妊娠母猪可使分娩时产生高效的母源抗体，利用母源抗体保护后代新生仔猪度过危险期。国外不乏返饲的临床应用，但国内由于猪场病原比较复杂，返饲后部分母猪持续排毒，反复暴发，导致返饲风险措施的安全性和有效应用不被认可。对于反复发生腹泻、疫苗控制不理想的猪场，在保证无其他病毒性疾病的基础上是可以考虑返饲的。返饲对象为配种临产母猪和后备配种母猪没有发病的猪。返饲操作的关键在于制备高质量的返饲用病毒样品，病原含量最高的病料应选择发生腹泻 8～12 h 的病料最好。具体操作如下：收集新发腹泻母猪的粪便或病死仔猪小肠，按 1：1 比例制备成生理盐水混合物，其中按每 100 g 加 3 mL 庆大霉素、1 g 新霉素、2 g 硫酸黏菌素。返饲同时饮水中添加抗生素阿莫西林防止细菌感染。返饲效果以 70%～80%的母猪出现拉稀时的用量最为合。返饲后的妊娠母猪 10 d 后转到分娩舍，转猪前需要行体表冲洗消毒。

（五）维持健康环境

为了保障分娩舍内母猪与新生仔猪的健康，笔者精心设定了温度与湿度的管理标准。白天，分娩舍将维持在宜人的 24 ℃，而夜间则确保温度不低于 20 ℃，以防止低温对猪只造成不良影响。同时，严格控制分娩舍的湿度，确保其维持在 75%以下的水平，从而为病猪创造一个更加舒适、有利于康复的环境。

此外，通风与干燥是维持猪舍环境健康的关键。加强猪舍的通风系统，确保空气流通，减少有害气体和湿气的积聚。通过保持猪舍的干燥，可以有效避免潮湿和闷热的环境，这种环境往往是病毒传播和繁殖的温床。因此，这一系列的环境管理措施，不仅有助于提升猪只的舒适度，更能在很大程度上阻断病毒传播链，保障猪群的整体健康。

（六）营养与饲养管理

在疫情期间，猪只的饲养管理显得尤为重要。为了确保猪群的健康与稳定，必须特别关注它们的营养需求和饲养环境。首先，营养方面，应提供均衡、全面的饲料，确保猪只获得足够的蛋白质、维生素、矿物质等必需营养素，以支持其正常的生长发育和免疫功能。同时，要关注饲料的品质和安全性，避免使用过期或受污染的饲料。其次，水分是猪只生命活动不可或缺的部分，必须保证充足的清洁饮水供应。在疫情期间，更要加强饮水系统的清洁与消毒，防止水源污染，确保猪只饮用的每一滴水都是安全可靠的。

（七）做好监测

饲养人员需密切监测猪只的饮食状况、排泄物特征及精神状态，一旦发现任何异常，应立即记录并通报兽医以便进行深入的检查与诊断。同时，应及时向地方农业农村部门或动物疫病防控机构汇报。对于疑似感染的猪只，

应迅速实施隔离措施，防止与健康猪只接触，并采取必要的防护措施。对于病猪的排泄物、呕吐物以及病死猪等，应立即进行清理并实施无害化处理。此外，应定期对隔离区域使用有效的消毒剂进行全面消毒。

二、药物治疗

（一）西药治疗

对 7 日龄以上发病猪药物治疗主要包括对症治疗、补液或调理以及防止继发感染等控制措施。根据猪只的具体病情，可以采取抗病毒药物和抗菌药物进行治疗。抗病毒药物可以针对病毒进行抑制，减少病毒在猪体内的复制和传播。对于腹泻严重的猪只，应使用收敛止泻药物，如活性炭等，这些药物能够吸附肠道内的病毒和毒素，减轻腹泻症状。对于呕吐严重的猪只，可以注射或口服阿托品等止吐药物，以缓解呕吐症状。在补液调理方面，腹泻严重的猪只容易脱水，因此必须做好补液工作。可以按每 1 000 mL 水加葡萄糖 20 g、氯化钠 3.5 g、小苏打 2.5 g、氯化钾 1.5 g 的比例配制补液溶液，通过人工方式强行给猪只补液。对于仔猪，每头每天应补液 20～30 mL，分两次进行。同时，为了防止继发感染，应在饲料和饮水中添加抗生素，如庆大霉素、卡那霉素等。这些抗生素能够抑制细菌的生长和繁殖，减少细菌感染的风险。

（二）中药治疗

在抗猪流行性腹泻病毒药物开发过程中，该病暴发以来对天然药物的研究逐渐增多。中兽医学认为，脾虚湿盛是仔猪感染PEDV的主要病机，治疗应健脾渗湿并重，清热排毒，凉血止痢为主，但也需兼顾病因，加减化裁，忌闭门留寇。临床研究者遵循中兽医辨证施治理论，选用槲皮素、鼠李糖苷、银杏果皮多糖、海藻的多酚类提取物、山茶花中的果烷三萜等诸多中药在不同程度地减少组织病变与症状。此外，还有一些复方药物的报道或中西医结合的治疗方案，如七味白术散、五苓散和等药方，辅以肌肉注射盐酸山莨菪碱和输液疗效甚佳。临床上也不乏自拟中药治疗该病的例子，基本围绕燥湿健脾益气。笔者以温中散寒、祛湿止泻、清热利湿、调中止泻为原则自拟中药复方进行治疗，结果证明自拟复方中药在提高猪流行性腹泻治愈率和有效率上都有较明显的效果。

（三）血清疗法

血清对于新生仔猪的治疗效果较佳，是挽救7日龄以下仔猪的可行方法。笔者应用场内返饲方法制备的高免血清，经灭活后，添加抗生素使用。对刚出生的仔猪，立即灌服自制高免血清2～3 mL，每日2次或以上，连续3 d，可以提供的93.2%的保护率和87.5%的治愈率，防治效果非常显著。血清治疗能针对性地保证病原的较高抗原性及安全性。但初生仔猪腹泻原因复杂，因此血清治疗必须结合科学分析进行防治，并要根据实际情况加强母猪、仔猪饲养管理，做好保温、卫生等环境工作合理防疫，及时让初生仔猪吃足初乳，增强仔猪抵抗力；必要时采用结合抗生素治疗，才能更好地发挥防治作用。此外，对于产房内10 d内的仔猪，特别是腹泻严重的个体，可以使用使用猪传染性胃肠炎、猪流行性腹泻二联高免卵黄粉进行治疗。这种药物能够提供高效的免疫保护，帮助仔猪抵抗病毒的侵袭。

附录　缩略词表（Abbreviation Index）

中文名称	英文全称	英文缩写
猪流行性腹泻病毒	Porcine_epidemic_diarrhea_virus	PEDV
猪小肠上皮细胞	Swine intestinal epithelial cells	SIEC
RNA 依赖的 RNA 聚合酶	RNA-dependent RNA polymerase	RdRp
核因子 κB 通路	Nuclear factor-kappa B	NF-κB
核因子 κB 抑制因子α	NF-kappa-B inhibitor alpha	NFKBIA
Ⅰ型干扰素	Type Ⅰ interferon	IFN-Ⅰ
Ⅲ型干扰素	Type Ⅲ interferon	IFN-Ⅲ
S 基因插入删除毒株	Insertion or deletion of *S* gene	*S* INDEL
Toll 样受体	Toll like receptor	TLR
组织半数感染量	Median Tissue culture infectious dose	$TCID_{50}$
血管紧张素转换酶 2	angiotensin converting enzyme 2	ACE2
氨肽酶 N	Aminopeptidase N	APN
病毒中和实验	virus neutralization test	VN
热休克蛋白 70	Heat Shock Protein 70	HSP70
干扰素	Interferon	IFN
微小 RNA	microRNA	miRNA
磷酸盐缓冲液	phosphate buffer saline	PBS
聚合酶链式反应	Polymerase chain reaction	PCR
微升	Microlitre	μL
微克	Microgram	μg

续表

中文名称	英文全称	英文缩写
毫升	Milliliter	mL
转/分钟	Rotation per minute	r/min
免疫组织化学	immunohistochemistry	IHC
碱基对	Base pair	bp
细胞病变	Cytopathic effect	CPE
免间接疫荧光试验	indirect immunofluorescence assay	IFA

参考文献

［1］ 孙东波，武瑞，孔凡志. 猪流行性腹泻病毒研究进展［M］. 北京：科学出版社，2018.

［2］ 夏业才，陈光华，丁家波. 兽医生物制品学［M］. 2版. 北京：中国农业出版社，2018.

［3］ 刘华雷. 动物冠状病毒病［M］. 北京：中国农业出版社，2021.

［4］ 李长友，李晓成. 猪群疫病防治技术［M］. 北京：中国农业出版社，2015.

［5］ 罗满林，单虎，朱战波. 高级动物传染病学［M］. 北京：科学出版社，2022.

［6］ 吴长德. 畜禽疫病诊断图谱［M］. 沈阳：辽宁科学技术出版社，2020.

［7］ 印遇龙，单虎，朱连德. 改革开放40年中国猪业发展与进步猪病防控［M］. 北京：中国农业大学出版社，2018.

［8］ 张弥申，吴家强. 猪病误诊解析彩色图谱［M］. 北京：中国农业出版社，2014.

［9］ 宗亮泽，李昕. 动物传染病与防控技术［M］. 银川：宁夏人民教育出版社，2011.

［10］ 郑世军，宋清明，甘孟侯. 现代动物传染病学［M］. 北京：中国农业

出版社，2013.

［11］ 王永强，魏刚才. 发酵床养猪新技术［M］. 北京：化学工业出版社，2011.

［12］ 汪明. 兽医学概论［M］. 北京：中国农业大学出版社，2011.

［13］ 周改玲，乔宏兴，支春翔，等. 养猪与猪病防控关键技术［M］. 郑州：河南科学技术出版社，2017.

［14］ 甘孟侯，高齐瑜，李文刚. 猪病诊治彩色图说［M］. 北京：中国农业出版社，2010.

［15］ 宁宜宝. 兽用疫苗学［M］. 北京：中国农业出版社，2018.

［16］ 李铁拴，张彦明，刘占民. 兽医学［M］. 北京：中国农业科技出版社，2001.

［17］ 何希君，胡守萍，张卓，等. 猪传染病病理学彩色图谱［M］. 北京：科学出版社，2015.

［18］ 中国农业科学院哈尔滨兽医研究所组. 兽医微生物学［M］. 2 版. 北京：中国农业出版社，2013.

［19］ 白文彬，于康震. 动物传染病诊断学［M］. 北京：中国农业出版社，2002.

［20］ 窦骏. 疫苗工程学［M］. 2 版. 南京：东南大学出版社，2014.

［21］ 褚秀玲，苏丹. 猪病误诊误治及纠误［M］. 北京：化学工业出版社，2012.

［22］ 陈怀涛，许乐仁. 兽医病理学［M］. 北京：中国农业出版社，2005.

［23］ 赵书广. 中国养猪大成［M］. 北京：中国农业出版社，2001.

［24］ 杨倩. 黏膜免疫及其疫苗设计［M］. 北京：科学出版社，2016.

［25］ 甘孟侯，蒋金书. 畜禽群发病防治［M］. 北京：中国农业大学出版社，2009.

［26］ 宁宜宝. 兽用疫苗学［M］. 北京：中国农业出版社，2008.

［27］ 王连纯，王楚端，齐志明. 养猪与猪病防治［M］. 北京：中国农业大学出版社，2004.

［28］ 甘孟侯，蒋金书. 畜禽群发病防治［M］. 2 版. 北京：中国农业大学出版社，1988.

［29］ 魏锁成. 动物消化系统疾病［M］. 兰州：兰州大学出版社，2007.

［30］ 赵健，郭永清. 现代养猪精要［M］. 北京：中国农业科学技术出版社，2018.

［31］ 杨慧芳，周新民. 畜牧兽医综合技能［M］. 北京：中国农业出版社，2003.

［32］ 肖冠华. 养猪高手谈经验［M］. 北京：化学工业出版社，2015.

［33］ 农业农村部畜牧兽医局. 中国兽医科技发展报告（2015—2017版）［M］. 北京：中国农业出版社，2018.

［34］ 刘家国，王德云. 新编猪场疾病控制技术［M］. 北京：化学工业出版社，2009.

［35］ 刘富来，白挨泉. 猪病诊治图谱［M］. 广州：广东科技出版社，2009.

［36］ 马盘河，安利民. 现代猪病诊断与防治技术［M］. 郑州：中原农民出版社，2019.

［37］ 刘云，李金岭. 动物传染病［M］. 北京：中国轻工业出版社，2014.

［38］ 张宏伟，董永森. 动物疫病［M］. 北京：中国农业出版社，2009.

［39］ 梁崇杰，郑缨，袁璐. 仔猪大肠杆菌病及其防治［M］. 成都：四川科学技术出版社，2009.

［40］ 张如宽. 家畜传染病和寄生虫病学［M］. 南京：东南大学出版社，2000.

［41］ 田培育. 猪病防治技术［M］. 北京：中国轻工业出版社，2014.

［42］ 杨小燕. 现代猪病诊断与防治［M］. 北京：中国农业出版社，2002.

［43］ 魏刚才. 四季识猪病及猪病防控［M］. 北京：化学工业出版社，2010.

［44］ 魏刚才，苗志国. 怎样科学办好中小型猪场［M］. 北京：化学工业出版社，2009.

［45］ 马明星. 商品猪生产技术指南［M］. 北京：中国农业大学出版社，2003.

［46］ 李和平. 猪病快速诊治［M］. 北京：化学工业出版社，2012.

［47］ 扈荣良. 现代动物病毒学［M］. 北京：中国农业出版社，2014.

［48］ 梁学勇. 动物传染病［M］. 重庆：重庆大学出版社，2007.

［49］ 莫炜钰. 猪流行性腹泻病毒流行毒株的分离鉴定、毒力分析及 N 蛋白表达［D］. 广州：华南农业大学，2024.

［50］ 朱永军，于瑞嵩，董世娟，等. 甲醛灭活猪流行性腹泻病毒条件的优化［J］. 上海畜牧兽医通讯，2023（2）：20-23.

［51］ 朱小甫，吴旭锦，郑红青，等. 陕西省猪流行性腹泻病毒 S 基因克隆与生物学信息分析［J］. 西北农林科技大学学报：自然科学版，2023，51（2）：1-10.

［52］ 姜威. 猪流行性腹泻病毒疫苗的研究进展［J］. 中国畜牧业，2018（3）：1.

［53］ 苏运芳，孙彦刚，刘运超，等. 猪流行性腹泻疫苗研究进展［J］. 畜牧与兽医，2016（2）：5.

［54］ 张志榜，彭维祺. 猪流行性腹泻病毒单克隆抗体及其抗原表位的研究进展［J］. 病毒学报，2022（1）：38.

［55］ 霍明凯，关飞虎，邱润辉，等. DDX1 影响猪流行性腹泻病毒复制的机制研究［J］. 中国畜牧兽医，2023，50（4）：1556-1566.

［56］ 任莉鑫，张静怡，徐沙沙，等. ACE2 对猪流行性腹泻病毒体外感染传代猪小肠上皮细胞的影响［J］. 畜牧兽医学报，2024（3）：055.

［57］ 杨国峰，周鹏，张春发，等. 转基因植物疫苗研究进展［J］. 农业生物技术学报，2001，9（3）：6.

［58］ 吴冰，季霖，徐雅雯，等. 细胞糖酵解对猪流行性腹泻病毒复制的影响［J］. 畜牧与兽医，2024（3）：56.

［59］ 唐洪文. 猪流行性腹泻病毒与轮状病毒混合感染诊断与防控［J］. 湖南畜牧兽医，2023（1）：18-20.

［60］ 尤永君，刘思桐，王幸，等. 猪流行性腹泻病毒流行病学调查及毒株致病力研究［J］. 天津科技，2023，50（S1）：81-87.

［61］ 尹宝英，张浩. 转移因子对猪流行性腹泻疫苗免疫效果的影响［J］. 黑龙江畜牧兽医，2020（17）：3.

［62］ 张宸语，陈佳宁，温建新，等. 猪流行性腹泻病毒感染猪小肠上皮细胞 miRNA 表达谱分析及验证［J］. 中国预防兽医学报，2018，40（12）：5.

［63］ 尹宝英，吴旭锦，熊忙利. 猪流行性腹泻诊断方法研究进展［J］. 动物医学进展，2013，34（12）：4.

[64] 刘随新，石达，陈建飞，等. 猪流行性腹泻病毒 N 蛋白核仁定位信号对宿主细胞周期的影响 [J]. 中国预防兽医学报，2013，35（3）：4.

[65] 黄云梅. 猪传染性胃肠炎与猪流行性腹泻鉴别诊断与防治 [J]. 畜牧兽医科学：电子版，2020（3）：102-103.

[66] 吴代虎. 猪传染性胃肠炎与猪流行性腹泻的鉴别诊断及综合防控措施 [J]. 中国畜牧兽医文摘，2015（2）：1.

[67] 唐洪文. 一例猪流行性腹泻病毒与轮状病毒混合感染病例的诊断与治疗 [J]. 江西畜牧兽医杂志，2022（4）：31-33.

[68] 马国强，戴远棠. 浅谈仔猪红痢和仔猪黄痢的诊断与治疗 [J]. 中国畜牧兽医文摘，2014（5）：1.

[69] 罗虎臣，陈清华. 猪流行性腹泻病原学特征及其诊断与防治 [J]. 湖南饲料，2018（5）：16-18.

[70] 王永斌，付利芝，杨柳，等. 猪流行性腹泻病毒的遗传变异及疫苗研发现状 [J]. 畜禽业，2023，34（8）：15-18.

[71] 李春华，王荣谈，何锡忠，等. 猪流行性腹泻疫苗研究和开发进展 [J]. 上海农业学报，2017，33（5）：6.

[72] 魏凤，张文通，李峰，等. 商品化猪流行性腹泻疫苗分类及特点 [J]. 养猪，2017（5）：2.

[73] 马国强，戴远棠. 浅谈仔猪红痢和仔猪黄痢的诊断与治疗 [J]. 中国畜牧兽医文摘，2014（5）：1.

[74] 尹宝英，张文娟，朱小甫，等. 抗 PEDV 血清对仔猪流行性腹泻防控效果研究 [J]. 陕西农业科学，2021，67（6）：76-78.

[75] 张季. 猪流行性腹泻在我国的研究现状 [J]. 养猪，2023（3）：18-21.

[76] 高宝山. 猪传染性胃肠炎,流行性腹泻和轮状病毒病的流行与诊治[J]. 养殖技术顾问，2014（8）：1.

[77] 孙东波，冯力，时洪艳，等. 猪流行性腹泻病毒分子生物学研究进展 [J]. 动物医学进展，2006，27（10）：4.